EUROPA-FACHBUCHREIHE
für elektrotechnische Berufe

GRAFCET

Lösungen

4. Auflage

VERLAG EUROPA-LEHRMITTEL · Nourney, Vollmer GmbH & Co. KG
Düsselberger Straße 23 · 42781 Haan-Gruiten

Europa-Nr.: 37640

Autor:
Duhr, Christian (www.grafcet-schulungen.de)   Rednitzhembach

Digitale Inhalte zum Buch:
1. Grafcet Studio
2. PLC Lab
3. Alle Lösungen des Aufgabenteils im Editor

Autor und Verlag bedanken sich an dieser Stelle bei der Firma MHJ-Software (75015 Bretten) für die Bereitstellung der Demo-Versionen.
Auf mhj-online.de sind die Vollversionen erhältlich.

Bildbearbeitung:

Zeichenbüro des Verlages Europa-Lehrmittel GmbH & Co. KG, 73760 Ostfildern

4. Auflage 2024

Druck 5 4 3 2 1

Alle Drucke derselben Auflage sind parallel einsetzbar, da sie bis auf die Korrektur von Druckfehlern identisch sind.

ISBN 978-3-7585-3285-6

Alle Rechte vorbehalten. Das Werk ist urheberrechtlich geschützt. Jede Verwertung außerhalb der gesetzlich geregelten Fälle muss vom Verlag schriftlich genehmigt werden.

© 2024 by Verlag Europa-Lehrmittel, Nourney, Vollmer GmbH & Co. KG, 42781 Haan-Gruiten
www.europa-lehrmittel.de

Satz: fidus Publikations-Service GmbH, Nördlingen
       ab der 3. Auflage: Grafische Produktionen Neumann, 97222 Rimpar, www.gp-neumann.de
Umschlag: Andreas Sonnhüter, 41372 Niederkrüchten
Druck: Plump Druck & Medien GmbH, 53619 Rheinbreitbach

Inhaltsverzeichnis

Kapitel		Seite
1	Die GRAFCET-Grundlagen im Selbststudium	5
1.1	Einführung: Wozu wird ein GRAFCET benötigt?	5
1.2	Regeln zur Erstellung eines GRAFCET	6
1.3	Aktionen	10
1.4.	Ablaufstrukturen	22
2	Grundlagen der Norm GRAFCET DIN EN 60848	29
2.1	Initialschritt	30
2.2	Transition	30
2.3	Aktionen	33
2.4	Ablaufstrukturen	40
3	Strukturierung von GRAFCETs, weiterführendes Wissen	45
3.1	Aktion bei Auslösung	45
3.2	Einschließender Schritt	46
3.3	Makroschritt	50
3.4	Zwangssteuernde Befehle	54
3.5	Transienter Ablauf	61
3.6	Weitere Transitionsbedingungen	61
3.7	Quell- und Schlusstransition	63
3.8	Quell- und Schlussschritt	64
4	Vom GRAFCET zum Funktionsplan (FUP)	66
4.1	Ablauf ohne Verzweigung	67
4.2	Ablauf mit Alternativer Verzweigung (ODER-Verzweigung)	75
4.3	Ablauf mit Paralleler Verzweigung (UND-Verzweigung)	76
5	Aufgaben	77
Aufgabe 1	Einfache Lüftersteuerung	77
Aufgabe 2	Einfache Motorsteuerung	79
Aufgabe 3	Heizlüfter	81
Aufgabe 4	Stromstoßschaltung	85
Aufgabe 5	Waschmaschine	86
Aufgabe 6	Blinklicht	89
Aufgabe 7	Wendeschützschaltung	90
Aufgabe 8	Schranke	91
Aufgabe 9	Totmannschalter Lokführer	93
Aufgabe 10	Ampelsteuerung	95
Aufgabe 11	Folgeschaltung mit drei Förderbändern	97
Aufgabe 12	Stern-Dreieck-Anlauf (automatische Umschaltung)	99
Aufgabe 13	Stern-Dreieck-Anlauf mit zwei Drehrichtungen (automatische Umschaltung)	102
Aufgabe 14	Abfüllanlage	104
Aufgabe 15	Poliermaschine	107
Aufgabe 16	Lauflicht	109
Aufgabe 17	Blechbiegeeinrichtung	113
Aufgabe 18	Mischautomat	115
Aufgabe 19	Palettenhubtisch	122
Aufgabe 20	Zwei Flüssigkeiten, Durchflusszählung	126
Aufgabe 21	Landefeuer	129
Aufgabe 22	Drei Sägen, zwei Lüfter	132
Aufgabe 23	Tomograph	134
Aufgabe 24	Folgeschaltung mit drei Zylindern, technologieunabhängig	137
Aufgabe 25	Folgeschaltung mit drei Zylindern, technologieabhängig	140
Der GRAFCET-Editor „GRAFCET-Studio" von MHJ		145
Glossar		147

I Didaktische Hinweise zum Kapitel DIE GRAFCET-GRUNDLAGEN IM SELBSTSTUDIUM

Didaktische Hinweise zum Kapitel DIE GRAFCET-GRUNDLAGEN IM SELBSTSTUDIUM

Das vorliegende Kapitel „DIE GRAFCET-GRUNDLAGEN IM SELBSTSTUDIUM" ist so aufgebaut, dass sich die Schüler den Inhalt (die wichtigsten Darstellungsarten im GRAFCET) selbstständig, ohne Unterstützung des Lehrers, beibringen. Es enthält viele Arbeitsaufträge, vom Ergänzen eines Ablaufdiagramms über das Zeichnen eines GRAFCETS bis hin zum Ausfüllen eines Lückentextes. Merksätze und Beispiele sind farbig hervorgehoben. Das Kapitel ist mit steigendem Schwierigkeitsgrad strukturiert.

Zeitaufwand ohne Verzahnung zum Fach Deutsch und Englisch: ca. 3 x 45 min. (Berufsschule, Mechatroniker bzw. Elektroniker für Automatisierungstechnik im zweiten Ausbildungsjahr).

Es hat sich in der Praxis bewährt, zwei (oder drei, je nach Klassenstärke) Lösungsordner im Klassenraum zu platzieren, damit die Schüler bei Bedarf ihre Einträge selbst kontrollieren können. Der Lehrer kann, muss aber nicht, als Ansprechpartner zur Seite stehen.

Einstieg in die Unterrichtseinheit:
Der Lehrer bespricht mit der Klasse nur die erste Seite („Wozu wird ein GRAFCET benötigt?"). Man liest gemeinsam den Einführungstext und diskutiert kurz die Funktion der abgebildeten Pakethebevorrichtung.
Je nach Vorbildung bzw. Leistungsniveau der Klasse bearbeiten die Schüler das Zeitablaufdiagramm auf der ersten Seite schon alleine, oder aber der Lehrer entwickelt es zusammen mit den Schülern.
Nach diesem Schritt kann jeder Schüler die Funktion der Pakethebevorrichtung komplett im Detail erklären.

Deutsch als Unterrichtsprinzip:
Abhängig von der Schulart kann an dieser Stelle eine Unterrichtseinheit des Fachs Deutsch sehr gut eingeschoben werden.

Der Arbeitsauftrag an die Schüler lautet: „Erstellen Sie für diese Anlage eine Funktionsbeschreibung, aus der die komplette Funktion (alle Sensoren, exakte Beschreibung der Endlagen der Zylinder usw.) der Pakethebevorrichtung hervorgeht." Selbst wenn man kein Deutschlehrer ist, sollte dies keinem Lehrer Schwierigkeiten bereiten. Wichtig ist bei der Funktionsbeschreibung (neben einem guten Deutsch) auch der technische Inhalt, also die exakte Wiedergabe der vollständigen Funktion im Detail. Der Schüler muss also den Funktionsablauf in sehr kleine Schritte zerlegen, kein Endschalter darf vergessen werden.

Verzahnung mit dem Englischunterricht:
Nachdem einige Schülerlösungen diskutiert wurden (und man sich evtl. auf eine gemeinsame Lösung geeinigt hat) kann die Funktionsbeschreibung natürlich ins Englische übersetzt werden, da die Anlage international verkauft werden soll.

Vorteil des GRAFCET:
Spätestens an dieser Stelle kann man den Schülern sehr anschaulich erklären, dass die Funktionsbeschreibung in Form von zusammenhängenden Sätzen nicht praxisfreundlich ist. Viel besser ist es, die Funktion mittels einer grafischen Darstellung detailgenau wiederzugeben. Nun haben die Schüler also einen wirklichen Grund, sich mit der Thematik GRAFCET auseinanderzusetzen. Kein Schüler möchte die deutsche Funktionsbeschreibung noch ins Englische übersetzen.
Ab dieser Stelle arbeiten die Schüler die restlichen Seiten bis zur Seite 28 selbstständig durch. Es ist auch denkbar, einen Teil des Kapitels im Rahmen einer Hausaufgabe bearbeiten zu lassen, im Unterricht bespricht man dann nur noch die Lösungen.

Das zweite Kapitel „Grundlagen der Norm":
Es dient als Nachschlagewerk für die Schüler. Dort ist der Inhalt des Kapitels 1 mit anderen Beispielen und in anderen Worten nochmals zusammengefasst. In diesem Kapitel wurde daher auf Arbeitsaufträge entsprechend verzichtet.

Strukturierung von GRAFCETs, weiterführendes Wissen:
Für die Beschreibung von einfachen Anlagen dürfte somit die GRAFCET-Norm ausreichend abgehandelt sein. Der Lehrer selbst kann nun entscheiden, ob das Kapitel 3 „Strukturierung von GRAFCETs, weiterführendes Wissen" noch relevant ist. Dies kann bei Bedarf mittels des Buches im Lehrer-Schüler-Gespräch sehr gut erarbeitet werden.

Anmerkung: Das Augenmerk der GRAFCETs in diesem Arbeitsheft liegt auf einer Präsentation von möglichst vielen unterschiedlichen Lösungsmöglichkeiten. Wäre jeder GRAFCET in der optimalen Lösungsvariante abgebildet, wäre dies nicht lernförderlich.

1 Die GRAFCET-Grundlagen im Selbststudium

1.1 Einführung: Wozu wird ein GRAFCET benötigt?

Bei der Entwicklung einer Maschine bzw. Anlage sind sehr viele Personen aus den unterschiedlichsten Fachrichtungen beteiligt. GRAFCET dient hier als eine Art Sprache, die sämtliche Personen verstehen können, egal aus welchem Fachbereich sie stammen. Das Ziel soll sein, dass alle Mitarbeiter sehr schnell die Funktion bzw. das Steuerungsverhalten der Anlage verstehen können.

Hierbei ist es egal, mit welcher Art von Steuerung die Anlage später im Produktionsbereich angesteuert wird. Somit sollte ein GRAFCET immer anlagenneutral gestaltet sein. Dies wird in der Praxis jedoch nicht immer berücksichtigt, da oftmals im Vorfeld klar ist, welche Steuerung später zum Einsatz kommen wird (z. B. eine SPS). Deshalb exisitieren viele GRAFCETs, die speziell auf eine Anlage abgestimmt sind.

 Um Prozesse in der Steuerungstechnik exakt beschreiben zu können, verwendet man die in ganz Europa gültige Norm GRAFCET.

Anhand der Pakethebevorrichtung (**Bild 1**) sollen die Struktur und der Aufbau eines GRAFCET-Plans im weiteren Verlauf dieser Unterlage verdeutlicht werden.

Die DIN EN 60848 „GRAFCET" ist in ganz Europa gültig. GRAFCET stammt aus dem Französischen:

GRAphe **F**onctionnel de **C**ommande **E**tapes **T**ransitions.

Übersetzt man dies ins Deutsche, so wird die Bedeutung gut erkennbar: „Darstellung der Steuerungsfunktion mit Schritten und Weiterschaltbedingungen".

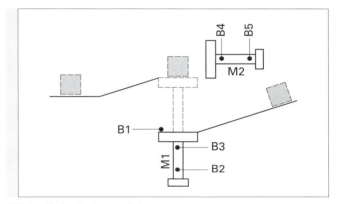

Bild 1: Pakethebevorrichtung

 Ein Steuerungsablauf wird in Funktionsschritte zerlegt und durch einen GRAFCET-Plan dargestellt.

Im Ablaufdiagramm (**Bild 2**) wird näher auf die Funktion der beiden Zylinder M1 und M2 eingegangen.

 Ergänzen Sie das Diagramm im **Bild 2**:

Ausgangssituation: B1 hat ein Paket erkannt.

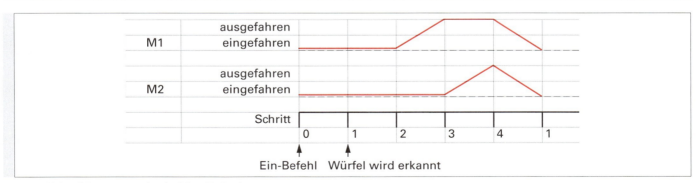

Bild 2: Ablaufdiagramm der beiden Zylinder

Um einen Prozess vollständig zu beschreiben, reicht die einfache Darstellung der Aktionen nicht aus. Sie sollen sich deshalb **selbstständig die Regeln zur Erstellung eines GRAFCET** mithilfe der folgenden Arbeits- und Informationsblätter **aneignen**.

1 Die GRAFCET-Grundlagen im Selbststudium
1.2 Regeln zur Erstellung eines GRAFCET

1.2 Regeln zur Erstellung eines GRAFCET

1.2.1 Initialschritt

Jede Schrittkette muss an einer Stelle beginnen. Hierzu dient der **Initialschritt**. Man erkennt ihn am **Doppelrahmen**. Im Initialschritt befindet sich die Steuerung **automatisch nach dem Einschalten**, jedoch noch vor dem START-Befehl. Die Norm verwendet hierfür den Begriff „Anfangssituation". Deshalb steht der Initialschritt **meist am Anfang** der Schrittkette.

In **Bild 1** ist Schritt 1 als Initialschritt dargestellt. Der Initialschritt kann aber ebenso mit einer Null oder einer anderen Zahl versehen werden. Wichtig ist hier nur der Doppelrahmen.

Bei der Erstellung eines GRAFCET sollte jedoch jeder Entwickler die Nummerierung des Initialschrittes und alle weiteren Schritte nicht beliebig, sondern passend zur Anlagenlogik vergeben.

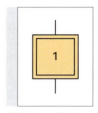

Bild 1: Initialschritt

1.2.2 Transition

Um von einem Schritt zum nächsten Schritt zu gelangen, muss eine _____Weiterschaltbedingung_____ (= Transition) **auslösen**. Hierzu muss sie **freigegeben und erfüllt** sein (**Bild 2**).
Die Weiterschaltbedingung steht auf der rechten Seite der Transition.
Die Transition darf mit einem **Namen** versehen werden, **der links in Klammern** zu schreiben ist.
Eine Transition gilt als freigegeben, wenn der/die **unmittelbar** vor ihr liegende **Schritt aktiv** ist/sind.

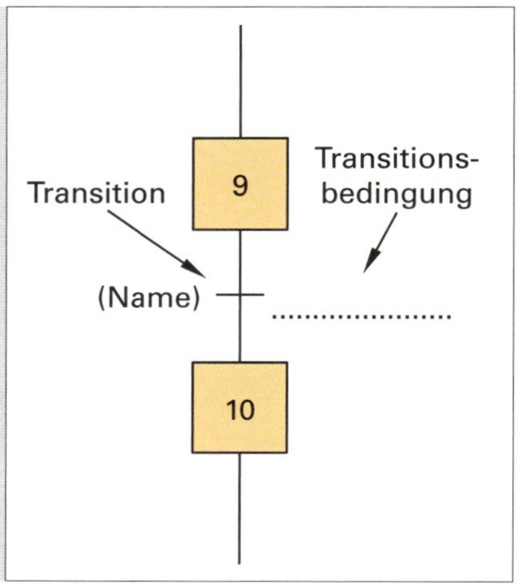

Die Weiterschaltbedingung kann unterschiedlich dargestellt werden:
- als Text,
- als Boole'scher Operator,
- als grafisches Symbol.

Eine **UND-Verknüpfung** wird durch einen Punkt (•) dargestellt.
Eine **ODER-Verknüpfung** wird durch ein mathematisches Plus (+) realisiert.

Bild 2: Transition

Eine **Negation** markiert man durch einen waagerechten Strich ($\overline{S1}$) über dem betreffenden Ausdruck.

Um einen Zustands**wechsel (Flanke)** einer Weiterschaltbedingung abzufragen, stellt man einfach einen senkrecht nach oben bzw. nach unten zeigenden Pfeil voran.

In der Praxis hat sich folgende Darstellungsweise bewährt und ist weit verbreitet:

Darstellung	Bedeutung
S1•S2	S1 UND S2
S1+S2	S1 ODER S2
$\overline{S1}$•$\overline{S2}$	nicht S1 und nicht S2
↑S1	steigende Flanke von S1 (↓ für fallende Flanke)

Durch Verwendung von Klammern können die Symbole beliebig miteinander kombiniert werden:

Darstellung	Bedeutung
(S1•S2) + (S3•S4)	S1 UND S2, ODER aber S3 UND S4
(S1+S2) • (S3+S4)	entweder S1 ODER S2, UND zusätzlich S3 ODER S4
($\overline{S1}$•S2) + (S3•$\overline{S4}$)	S1 nicht UND S2, ODER aber S3 UND S4 nicht
↑(S1•S2) + ↓(S3•S4)	steigende Flanke aus der Verknüpfung (S1 UND S2), ODER aber fallende Flanke aus der Verknüpfung (S3 UND S4)

1 Die GRAFCET-Grundlagen im Selbststudium

1.2 Regeln zur Erstellung eines GRAFCET

Bsp. 1.: Man gelangt von Schritt 9 in Schritt 10, wenn B1 und B2 gemeinsam oder aber nicht B3 erfüllt sind.

 Ergänzen Sie nun im GRAFCET (**Bild 2**) die Transitionsbedingung, um von Schritt 9 in Schritt 10 zu gelangen (wie in **Bild 1** vorgegeben).

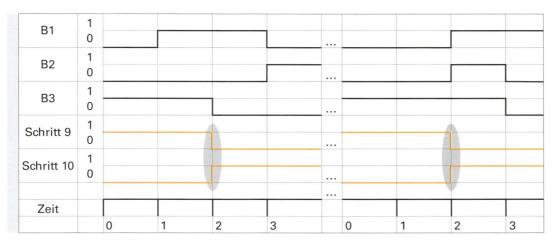

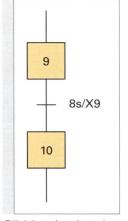

Bild 1: Diagramm zur Veranschaulichung der Funktion des GRAFCET

Bild 2: Die Transition im GRAFCET

Die Transitionsbedingung lautet: $(B1 \cdot B2) + \overline{B3}$

Bsp. 2.: 8 s nach Aktivierung von Schritt 9 soll automatisch in Schritt 10 weitergeschaltet werden. Beachten Sie die Schreibweise der Transition im **Bild 3**.

Ein Schritt wird durch ein „X" mit der zugehörigen Nummer dargestellt.
Hier steht also **X9** für **Schritt 9**.
Das X ist durch die Norm vorgeschrieben, die Zahl hingegen ist frei wählbar, soll jedoch immer sinnvoll vergeben werden.
Neben einer Zahl kann auch noch ein Buchstabe angegeben werden. So ist neben dem Schritt 9 auch noch ein Schritt 9a, 9b, 9c usw. denkbar. Die zugehörige Schrittvariable lautet dann entsprechend X9a, X9b, X9c usw.
Eine solche Schrittbeschriftung ist oftmals bei Verzweigungen sinnvoll.
Nähere Informationen hierzu finden Sie im Kapitel „4.2 Ablauf mit Alternativer Verzweigung" auf Seite 75.

Bild 3: zeitgebundene Transition

 Ergänzen Sie, entsprechend der Transition aus **Bild 3,** den Signalverlauf im Diagramm (**Bild 4**): Beachten Sie hierzu die Grundregeln auf Seite 8.

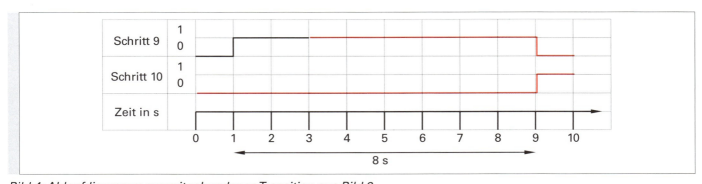

Bild 4: Ablaufdiagramm zur zeitgebundenen Transition aus Bild 3

1 Die GRAFCET-Grundlagen im Selbststudium
1.2 Regeln zur Erstellung eines GRAFCET

Beachten Sie zusätzlich folgende Grundregeln:

 Löst eine Transition aus, so wird ihr nachfolgender Schritt aktiviert und gleichzeitig ihr vorangehender Schritt deaktiviert.
Man kann deshalb auch sagen, in einem GRAFCET wird ein Schritt vom nachfolgenden Schritt deaktiviert!
In einem **linear ablaufenden** GRAFCET können (in speziellen Konstellationen) jedoch trotzdem **mehrere Schritte gleichzeitig aktiv** sein!

Unter „linear ablaufend" versteht man eine Schrittfolge ohne alternative Verzweigungen. Alternative (und parallele) Verzweigungen werden später noch behandelt.

Bsp. 1 (Bild 1): Man befindet sich im Schritt 9. Wenn der Taster S3 für drei Sekunden lange betätigt bleibt, soll Schritt 10 aktiviert und Schritt 9 deaktiviert werden.

 Ergänzen Sie den GRAFCET in **Bild 1** und das Diagramm in **Bild 2**.
Beachten Sie die Schreibweise der Transition im Beispiel auf Seite 7 **(Bild 3)** und denken Sie logisch!

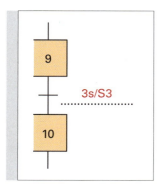
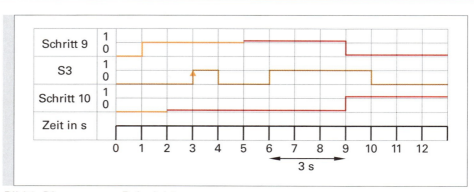

Bild 1: Taster muss 3 s lang betätigt bleiben

Bild 2: Diagramm zu Beispiel 1

Hinweis: Wird der Taster **vor Ablauf der 3s losgelassen**, so gelangt man **nicht** in Schritt 10!

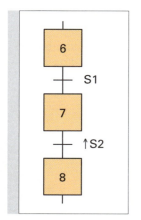
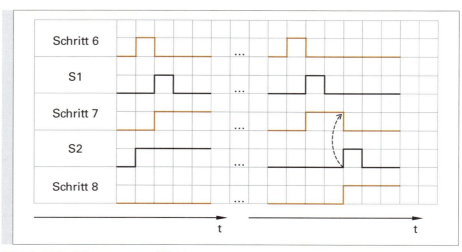

Bild 3: Steigende Flanke als Weiterschaltbedingung

Bild 4: Ablaufdiagramm zu Bild 3

Bsp. 2: Von Schritt 7 gelangt man nur in Schritt 8, wenn der Taster S2 eine steigende Flanke liefert. Im linken Teil von **Bild 4** ist erkennbar, dass das Dauersignal von S2 nicht wirksam ist.

1 Die GRAFCET-Grundlagen im Selbststudium
1.2 Regeln zur Erstellung eines GRAFCET

Die Norm liefert dem Ersteller eines GRAFCET noch eine weitere Möglichkeit, die jedoch nur in seltenen Fällen Verwendung findet:

Bsp. 1: Liefert der Sensor B1 ein logisches 1-Signal, so dauert es 3 s, bis der in Klammer stehende Teil der Transition erfüllt ist. Fällt danach das Sensorsignal wieder auf 0 zurück, so bleibt der Klammerausdruck für weitere 2 s erfüllt. Damit es zur Auslösung der Transition kommt, muss jedoch zusätzlich S1 betätigt werden.

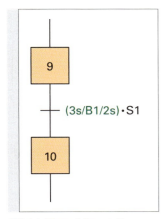

Bild 1: Transition mit zwei Zeitangaben

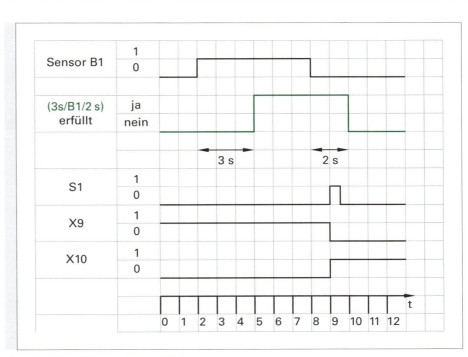

Bild 2: Ablaufdiagramm zu Bild 1

Setzt man für die rechte Zeit 0 s ein, so ergibt sich die bereits bekannte Transitionsbedingung aus Seite 8 (**Bild 1**).

Nachdem B1 eine fallende Flanke liefert, hat man noch 2 s Zeit, den Taster S1 zu betätigen, um dadurch den Schritt 10 zu aktivieren. Der Anlagenbediener kann S1 demnach zwischen Sekunde 5 und Sekunde 10 betätigen, um von Schritt 9 in Schritt 10 zu gelangen.

ZUSAMMENFASSUNG:

– Der Initialschritt erhält zur Kennzeichnung einen Doppelrahmen.

– Jeder Schritt erhält eine Bezeichnung (Nummer oder Namen), die eindeutig sein muss und nur einmal innerhalb eines GRAFCET auftauchen darf.

– Ein Schritt wird durch seine Schrittvariable X gekennzeichnet, gefolgt von seiner Schrittbezeichnung (z. B. X3).

– Um von einem Schritt in den nächsten zu gelangen, muss eine Transition auslösen. Hierzu muss die Transition freigegeben und erfüllt sein.

– Die Transitionsbedingung kann aus verschiedenen Einzelbedingungen bestehen, die miteinander logisch verknüpft werden.

– Weiterschaltbedingungen können durch Angabe einer Zeit verzögert erfüllt werden.

– Einzelne Weiterschaltbedingungen können neben ihrem Signalzustand auch auf eine Signaländerung (Flanke) hin abgefragt werden.

1 Die GRAFCET-Grundlagen im Selbststudium
1.3 Aktionen

1.3.1 Möglichkeiten der Darstellung

Ist ein Schritt aktiv, so wird die ihm zugeordnete Aktion ausgeführt (vorausgesetzt, es sind keine zusätzlichen Bedingungen zu beachten). Es können einem Schritt aber auch mehrere Aktionen zugeordnet werden, die alle gleichzeitig stattfinden.

Die Art der Darstellung kann auf mehrere Weisen erfolgen:

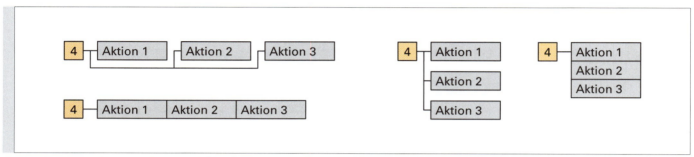

Bild 1: Mehrere Aktionen finden gleichzeitig im Schritt 4 statt.

> **Hinweis:** Die **Aktionen 1-3** finden **alle gleichzeitig** statt, es existiert somit **keine zeitliche Rangfolge!**

Siehe hierzu folgendes Diagramm im **Bild 2**:

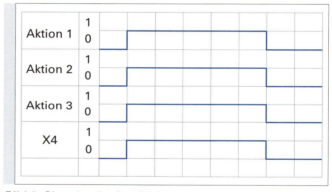

Welche der oben vorgestellten Varianten zum Einsatz kommen, ist eigentlich egal. Jedoch wird im weiteren Verlauf noch gezeigt, dass jede Variante ihren eigenen Vorteil besitzt. So können beispielsweise an die einzelnen Aktionen noch zusätzliche Bedingungen hinzugefügt werden. Dies erfordert jedoch, wie später noch gezeigt wird, spezielle Darstellungsvarianten.

Manchmal ist es aber auch einfach eine Platzfrage, welche Variante des GRAFCETs gewählt wird.

Bild 2: Signalverlauf zu Bild 1

1.3.2 Kontinuierlich wirkende Aktion

Die „kontinuierlich wirkende Aktion" ist von der „kontinuierlich wirkenden Aktion mit Zuweisung" zu unterscheiden. Bei der kontinuierlich wirkenden Aktion erhält die im Aktionskästchen beschriebene Variable den Wert 1, solange der zugehörige Schritt selbst aktiv ist, ein inaktiver Schritt weist einer Variablen einer kontinuierlich wirkenden Aktion den Wert null zu.

Solange Schritt 2 aktiv ist, bleibt die Schützspule im angezogenen Zustand **(Bild 3)**.

Im Schritt 3 wird der Schützspule der Wert 0 zugewiesen, denn Schritt 2 ist inaktiv.

 Wird eine Variable (hier Schütz Q1) von einer kontinuierlich wirkenden Aktion beschrieben, so darf diese Variable an anderer Stelle nicht mehr speichernd wirkend (Kapitel 1.3.4) beschrieben werden!

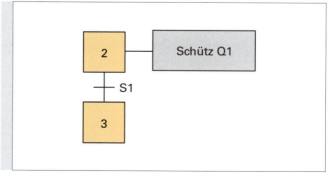

Bild 3: Kontinuierlich wirkende Aktion

1 Die GRAFCET-Grundlagen im Selbststudium
1.3 Aktionen

1.3.3 Kontinuierlich wirkende Aktionen mit Zuweisung

Im Beispiel aus Kapitel 1.3.2 wurde die Aktion immer dann ausgeführt, wenn der zugehörige Schritt aktiv war. Jetzt wird gezeigt, wie man zusätzlich (zum Schritt) noch eine weitere Bedingung angeben kann.

Die Variable in der Aktion erhält genau dann den Wert 1, wenn zwei Bedingungen erfüllt sind:
– Der entsprechende Schritt ist dauerhaft aktiv.
– Die Zuweisungsbedingung ist dauerhaft erfüllt.

In allen anderen Fällen erhält die Variable den Wert 0.

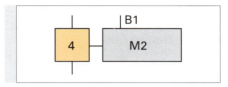

Bild 1: Aktion mit Zuweisung

Ergänzen Sie den Lückentext:

Ist Schritt __4__ aktiv und ist die __zusätzliche Bedingung__ B1 erfüllt, dann wird der Variablen M2 der Wert 1 zugewiesen. In allen anderen Fällen hat die Variable M2 den Wert __0__.

Ergänzen Sie den Signalverlauf von M2 und beachten Sie dabei, dass von B1 keine Flanken-, sondern nur eine Zustandsabfrage erfolgt.

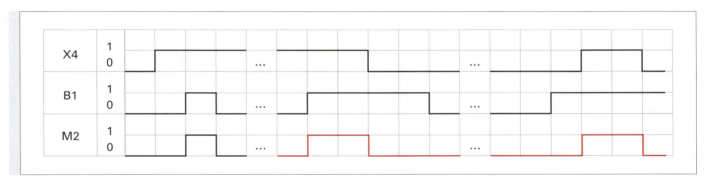

Bild 2: Diagramm zu Bild 1

Es ist egal, ob B1 vor X4 oder erst nach X4 aktiv wird. Die zeitliche Abfolge ist unbedeutend.

Welcher Unterschied besteht somit also zwischen dem GRAFCET und dem Funktionsplan (FUP) (**Bild 3**)?

Es besteht keinerlei Unterschied zwischen dem

GRAFCET und dem abgebildeten FUP!

Beide zeigen ein identisches Verhalten!

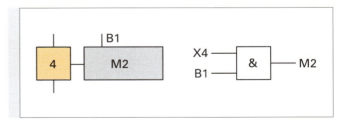

Bild 3: Vergleich von FUP und GRAFCET

Soll die Aktion M2 nur dann ausgeführt werden, wenn B1 eine Flanke (steigend oder fallend) liefert, so spricht man von einem **Ereignis**. Diese Darstellungsvariante wird in Kapitel 1.3.6 erklärt.

1 Die GRAFCET-Grundlagen im Selbststudium
1.3 Aktionen

1.3.4 Speichernd wirkende Aktion bei Aktivierung eines Schrittes ↑

Im Gegensatz zur kontinuierlich wirkenden Aktion (Aktion ist nur so lange aktiv wie der zugehörige Schritt), behält die speichernd wirkende Aktion ihren Wert so lange, bis dieser (meist in einem anderen Schritt) überschrieben bzw. zurückgesetzt wird.

Da die Zuweisung des Wertes bei **Aktivierung** des Schrittes, also bei Vorliegen einer **steigenden Signalflanke** der **Schrittvariablen**, ausgeführt wird, wird die Aktion durch einen **Pfeil nach oben** gekennzeichnet (**Bild 1**).

Sobald Schritt 8 aktiv **wird**, wird der Ventilspule M1 der Wert 1 speichernd wirkend zugewiesen.

Ist Schritt 8 nicht mehr aktiv, so **behält** die **Variable M1** den **Wert 1** bei, bis dieser Wert durch eine andere Aktion überschrieben wird.

Wird Schritt 10 aktiv, so wird der **Ventilspule M1** der **Wert 0 speichernd wirkend zugewiesen**. Die Variable M1 behält den Wert 0, bis der Wert der Variablen durch eine andere Aktion überschrieben wird.

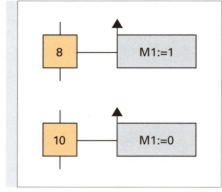

Bild 1: Speichernd wirkende Aktion

Der Doppelpunkt sowie das „Ist-gleich"-Zeichen „ :=" müssen zwingend geschrieben werden. Dies ist bei speichernd wirkenden Aktionen immer der Fall. Ebenso steht die Variable (z. B. Motor) links und der zugewiesene Wert (z. B. 0 oder 1) rechts vom „:=".

 Ergänzen Sie den Signalverlauf von M1 im Diagramm (**Bild 2**):

1.3.5 Speichernd wirkende Aktion bei Deaktivierung eines Schrittes ↓

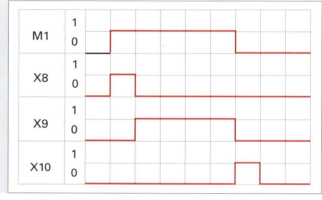

Bild 2: Diagramm zu Bild 1

Da die Zuweisung des Wertes bei **Deaktivierung** des Schrittes, also bei Vorliegen einer **fallenden Signalflanke** der Schrittvariablen ausgeführt wird, wird die Aktion durch einen **Pfeil nach unten** gekennzeichnet. Ansonsten gelten die gleichen Gesetzmäßigkeiten wie bei der speichernd wirkenden Aktion, bei Aktivierung eines Schrittes.

 Ergänzen Sie den Lückentext zur Erklärung der oben stehenden Beispiele:

Wird Schritt 6 aktiv, wird der Wert von Q1 ___nicht___ verändert. Wird Schritt 6 ___deaktiviert___, so wird der Variablen Q1 der Wert 0 zugewiesen. Die Variable behält so lange ihren Wert, bis in einer anderen Aktion die Variable Q1 ___überschrieben___ wird. Wird Schritt 17 aktiv, wird der Wert von Q3 ___nicht___ verändert. Wird Schritt 17 inaktiv, so wird der Variablen Q3 der Wert ___1___ zugewiesen. Die Variable behält so lange ihren Wert, bis in einer anderen Aktion die Variable Q3 überschrieben wird.

Bild 3: Speichernd wirkende Aktion bei Deaktivierung des Schrittes

1 Die GRAFCET-Grundlagen im Selbststudium
1.3 Aktionen

Der Schritt 17 (**Bild 3, Seite 12**) zeigt, dass man **bei Deaktivierung** eines Schrittes auch eine **Aktion auf 1** setzen kann. Dies zeigt auch die Varaible „Lampe Stillstand" (**Bild 1**).

Im GRAFCET (**Bild 1**) wird der Rechtslauf des Motors genau dann beendet, wenn Schritt 6 deaktiviert wird (also wenn man sich im Schritt 6 befindet und die Transition S3 auslöst.) Im gleichen Augenblick beginnt die Lampe „Stillstand" zu leuchten.

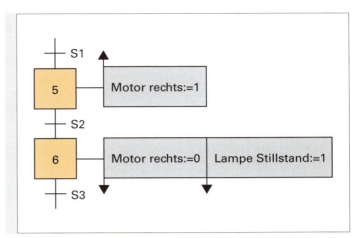

Bild 1: Bei Deaktivierung des Schrittes 6 wird die Lampe eingeschaltet

Übungsaufgabe (Bild 2)

Der Pakethebevorrichtung wird vollautomatisiert nur dann ein Paket zugeführt, wenn sich die Pakethebevorrichtung in Grundstellung befindet. Die Realisierung der Paketzuführung ist nicht Gegenstand dieser Übung. Hier soll lediglich das Verhalten der Pakethebevorrichtung betrachtet werden:

Die Kolbenstange des Zylinders M1 hebt ein Paket dann an, wenn das Paket durch Sensor B1 erkannt wurde. Die Ausfahrbewegung von M1 stoppt, wenn Sensor B3 das Erreichen der hinteren Endlage erkennt. Nun verschiebt die Kolbenstange von M2 das Paket. Der Hebezylinder M1 fährt gleichzeitig mit dem Verschiebezylinder zurück in die Grundstellung.

Sie sollen den Ablauf der Pakethebevorrichtung durch einen GRAFCET abbilden.

Zu Beginn ist jedoch nicht bekannt, welche Ventile zur Ansteuerung der Zylinder M1 und M2 verwendet werden. Aus diesem Grund sollen nur folgende Aktionen verwendet werden:
M1_vor, M1_zurück, M2_vor, M2_zurück

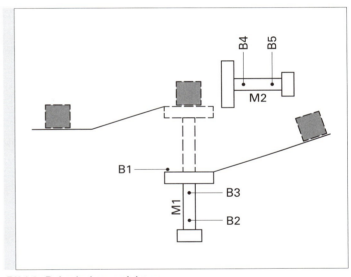

Bild 2: Pakethebevorrichtung

Der GRAFCET soll folgender Logik folgen:
Nach dem Initialisierungsschritt (Schrittvariable X1) erfolgt die Abfrage, ob sich die Anlage in Grundstellung befindet.
Im Schritt 2 wird gewartet, bis ein Paket erkannt wird.
Im Schritt 3 wird das erkannte Paket angehoben.
Im Schritt 4 erfolgt das Verschieben des Pakets.
Im Schritt 5 fahren beide Kolbenstangen zurück in die Grundstellung.

Befindet sich die Anlage nun in der Grundstellung, wird auf das nächste Paket gewartet.

1 Die GRAFCET-Grundlagen im Selbststudium
1.3 Aktionen

 Vervollständigen Sie den GRAFCET in **Bild 1** entsprechend der Vorgabe auf Seite 13.

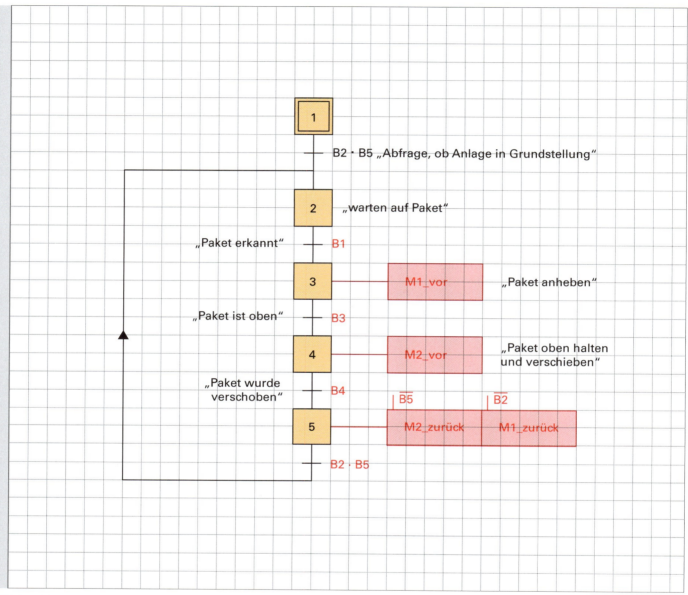

Bild 1: GRAFCET mit Beschreibung der Kolbenstangenbewegungen

Die Transitionsbedingungen B2 und B5 deaktivieren den Schritt 5. Ist es zwingend nötig, die Aktionen im Schritt 5 durch die Zuweisungsbedingungen „nicht B5" sowie „nicht B2" abzuschalten?

Durch die Verwendung der Zuweisungsbedingungen kann man abbilden, dass es unerheblich ist, wie lange die Rückfahrbewegungen der beiden Kolbenstangen dauern. Die Rückfahrbewegungen werden durch die jeweiligen Endlagensensoren (evtl. zeitversetzt) beendet.

Ohne Verwendung der Zuweisungsbedingungen könnte der GRAFCET so interpretiert werden, dass die Rückfahrbewegungen der beiden Kolbenstangen exakt gleichzeitig beendet wären.

Möchte man das **SPS-Programm für diese Anlage scheiben** muss man vorab festlegen, **welche Ventile** zur Zylinderansteuerung verwendet werden.

1 Die GRAFCET-Grundlagen im Selbststudium
1.3 Aktionen

Die Zylinder der Pakethebeanlage sollen nun durch **federrückgestellte** Ventile angesteuert werden.

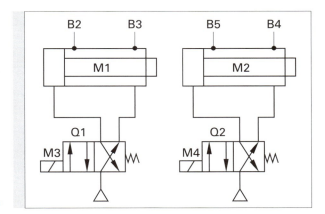

 Variablen, die auf real existierende Ausgänge schreiben, sollten wenn möglich nicht durch speichernd wirkende Aktionen beschrieben werden. In umfangreicheren GRAFCETs kann es ansonsten zu sehr umständlichen Darstellungen kommen. Speichernd wirkende Aktionen finden ihre Anwendung beim Beschreiben von internen Variablen wie beispielsweise Zählerständen.

 Vervollständigen Sie den GRAFCET in **Bild 1** in dem Sie nun als Aktionen lediglich die Ansteuersignale der Ventilspulen M3 und M4 angeben. Verwenden Sie **keine** speichernd wirkenden Aktionen.

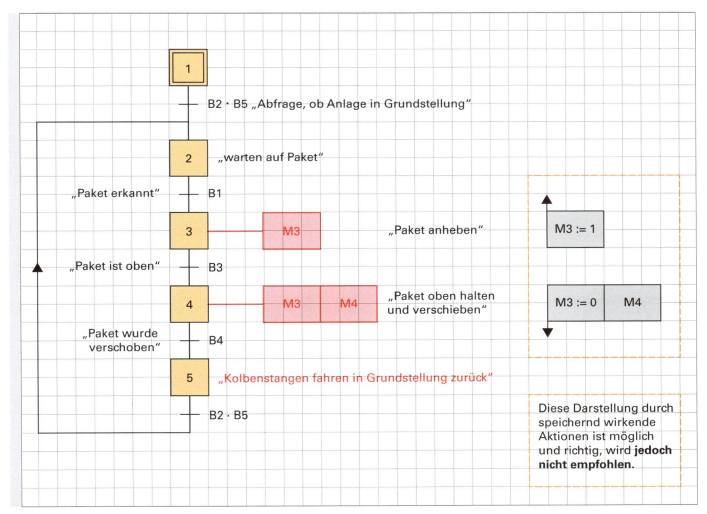

Bild 1: GRAFCET, als Vorlage für ein SPS Programm

Im Schritt 5 stehen keine Aktionen mehr. Dies bedeutet, die Ventile Q1 und Q2 lassen durch die Federrückstellung die beiden Kolbenstangen einfahren. Man erkennt, obwohl einem Schritt keine Aktionen zugeordnet wurden finden in der Anlage unter Umständen trotzdem Aktionen statt!

1 Die GRAFCET-Grundlagen im Selbststudium
1.3 Aktionen

1.3.6 Speichernd wirkende Aktion bei einem Ereignis ⚑

Unter 1.3.3 auf Seite 11 wurde gezeigt, wie man eine Aktion an eine weitere Bedingung (im **Bild 1**: B1) knüpft.

Es spielte jedoch keine Rolle, ob diese Bedingung schon erfüllt war, bevor der Schritt erreicht wurde.

Es wurde also nicht die Flanke, sondern „nur" der Zustand der Bedingung abgefragt.

Nun wird gezeigt, wie man die Flanke einer Zusatzbedingung abfragt.

Der in der Aktion beschriebenen Variablen wird nur dann der angegebene Wert zugewiesen, wenn der Schritt aktiv ist **und** das Ereignis eine **steigende Flanke** aufweist (**Bild 2**).

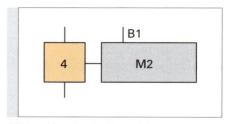

Bild 1: Kontinuierlich wirkende Aktionen mit Zuweisung

Das Fähnchen, welches zur Seite zeigt, zeigt an, dass die Aktion erst bei Eintreten eines Ereignisses speichernd wirkend ausgeführt wird. Der Pfeil nach oben vor B9 zeigt an, dass die steigende Flanke von B9 ausgewertet wird.
Die Variable behält so lange den Wert 1, bis sie durch eine andere Aktion überschrieben wird.

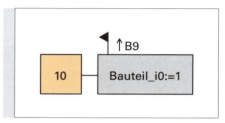

Bild 2: Speichernd wirkende Aktionen mit Zuweisung (steigende Flanke)

 Ergänzen Sie das Diagramm um den Verlauf der Variablen „Bauteil_iO":

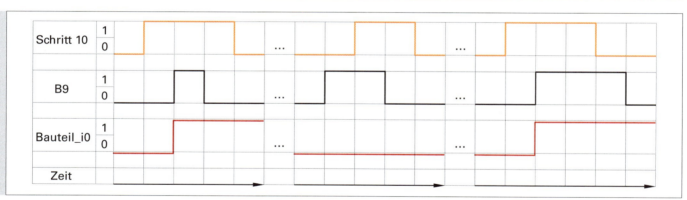

Bild 3: Signalverlauf zu Bild 2

 Ergänzen Sie den GRAFCET in **Bild 4**, damit der Variablen „Bauteil_iO" der Wert 1 zugeordnet wird, wenn B9 eine fallende Flanke liefert:
Ergänzen Sie den GRAFCET in **Bild 5**, damit die Variable „Bauteil_iO" nur dann den Wert 1 erhält, wenn B9 eine steigende Flanke liefert und der Schritt 11 (z. B. in einem parallelen Zweig) aktiv ist. (Eine nähere Erklärung zum parallelen Zweig erfolgt im Kapitel 4.3).

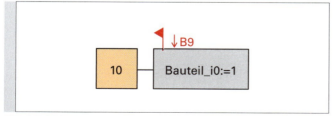

Bild 4: Speichernd wirkende Aktion bei fallender Flanke

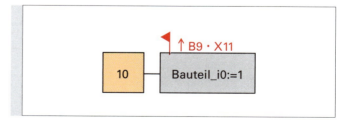

Bild 5: Speichernd wirkende Aktion bei steigender Flanke und aktivem Schritt

1 Die GRAFCET-Grundlagen im Selbststudium
1.3 Aktionen

1.3.7 Aktionen und Zeiten

Kontinuierlich wirkende Aktion mit zeitabhängiger Zuweisungsbedingung

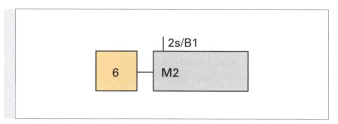

Bild 1: kontinuierlich wirkende Aktion mit zeitabhängiger Zuweisungsbedingung

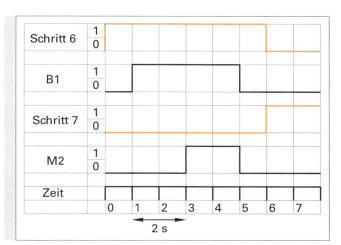

Bild 2: Diagramm zu Bild 1

Die Zeit (2 Sekunden), welche **links neben der Variablen** steht, wird gestartet, wenn die Variable eine **steigende Flanke** liefert (**Bild 1**).

(Dies muss hier nicht durch einen Pfeil gekennzeichnet werden). Die Aktion wird erst ausgeführt, nachdem die Zeit abgelaufen ist.

Somit gleicht dieses Verhalten einer **Einschaltverzögerung**.

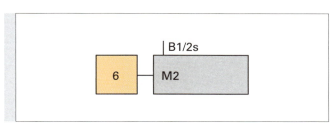

Bild 3: kontinuierlich wirkende Aktion mit zeitabhängiger Zuweisungsbedingung

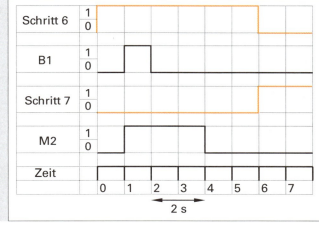

Bild 4: Diagramm zu Bild 3

Die Zeit (2 Sekunden), welche **rechts neben der Variablen** steht, wird gestartet, wenn die Variable eine **fallende Flanke** liefert.

(Dies muss hier ebenso nicht durch einen Pfeil gekennzeichnet werden).

Ergänzen Sie folgenden Lückentext:

Die Dauer der Aktion M2 (**Bild 3**) wird um 2 s _____verlängert_____.

Somit gleicht dieses Verhalten einer _____Ausschalt_____**verzögerung!**

Hinweis: Beachten Sie, dass diese Art der Ausschaltverzögerung von der „klassischen" Ausschaltverzögerung nach Verlassen eines Schrittes zu unterscheiden ist, denn es wurde als „Ausschaltsignal" eine Zuweisungsbedingung (wie sie z. B. ein Sensor darstellt) angenommen.

1 Die GRAFCET-Grundlagen im Selbststudium
1.3 Aktionen

  Ergänzen Sie in **Bild 2** passend zum GRAFCET in **Bild 1** das Diagramm um den Signalverlauf von M2.

Hinweis: Der Sensor B1 muss mindestens für 2 s aktiv sein, damit die Zuweisungsbedingung erfüllt ist.

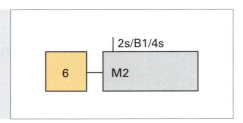

Bild 1: kontinuierlich wirkende Aktion mit zeitabhängiger Zuweisungsbedingung

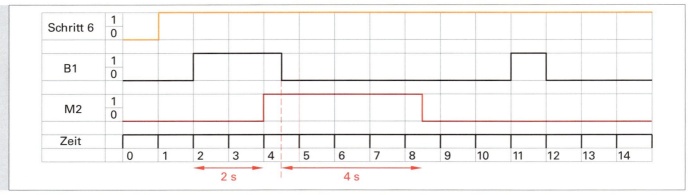

Bild 2: Diagramm zu Bild 1

Anstelle einer Variablen kann auch der **Schritt selbst als Zuweisungsbedingung** angegeben werden (siehe **Bild 3**).

Die Aktion „M2" wird dann aktiv, wenn der Schritt 6 aktiv ist und 2 s vergangen sind. Die Aktion ist mit dem Verlassen des Schrittes beendet.

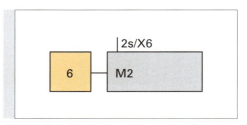

Bild 3: Schritt als Zuweisungsbedingung

Bild 4 und 5: Wird der Schritt 6 verlassen, bevor die 2 s abgelaufen sind, wird die Aktion „M2" natürlich nicht ausgeführt.

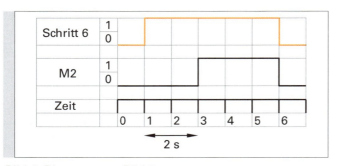

Bild 4: Diagramm zu Bild 3

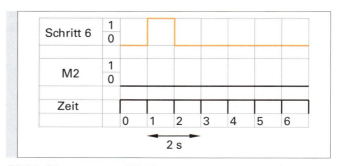

Bild 5: Diagramm zu Bild 3

Die Aktion „M2" ist kontinuierlich wirkend dargestellt. Sollte M2 speichernd wirkend sein, so darf hier nicht einfach zusätzlich linksbündig ein Pfeil nach oben an das Aktionskästchen gezeichnet werden. Diese „Vermischung" ist bei dieser Darstellungsart nicht erlaubt.

Der GRAFCET im **Bild 6** erfüllt jedoch diese Funktion: 2 s nachdem Schritt 6 aktiv wurde, wird die Aktion M2 speichernd auf 1 gesetzt. Der Schritt 6 dient in diesem Fall als sog. Leerschritt. Die Bezeichnung Leerschritt besagt, dass dieser Schritt in der Schrittkette kein „wirklicher" Schritt ist, sondern nur dazu dient, die Grundregel Schritt-Transition-Schritt nicht zu verletzen.

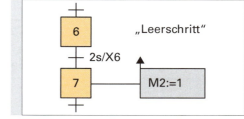

Bild 6: Schritt 6 als Leerschritt

1 Die GRAFCET-Grundlagen im Selbststudium
1.3 Aktionen

ZUSAMMENFASSUNG:

Die Flanke einer Zuweisungsbedingung wird in der Norm als „Ereignis" beschrieben. Soll eine Aktion an ein Ereignis gebunden sein, so wird dies durch ein Fähnchen angezeigt. Zusätzlich wird angegeben, ob die positive oder negative Flanke (Pfeil nach oben bzw. nach unten) des Ereignisses abgefragt wird. Die zugehörige Aktion ist dann immer eine speichernd wirkende Aktion.

Die Zeit, welche links von der zeitabhängigen Zuweisungsbedingung steht, startet mit der steigenden Flanke der Bedingung, und läuft nur dann fehlerfrei ab, wenn die Bedingung true bleibt. Erst nach Ablauf dieser Zeit gilt die Zuweisungsbedingung als erfüllt.

Die Zeit, welche rechts von der zeitabhängigen Zuweisungsbedingung steht, startet mit der fallenden Flanke der Bedingung. Die Zuweisungsbedingung kann für diese Zeit weiterhin als erfüllt betrachtet werden, selbst wenn das physikalische Signal bereits 0 ist.

Eine Aktion, die an eine zeitabhängige Zuweisungsbedingung gebunden ist, ist eine kontinuierlich wirkende Aktion. Soll an eine zeitabhängige Zuweisungsbedingung eine speichernd wirkende Aktion geknüpft werden, so wird dies mit einer „speichernd wirkenden Aktion bei einem Ereignis" abgebildet. Siehe Beispiel auf Seite 27.

Zeitbegrenzte Aktion

Bringt man über eine **verzögerte Aktion** einen **Negationsstrich an**, so erhält man eine **zeitbegrenzte Aktion**.

Nachdem Schritt 25 aktiv wurde, erhält die Variable „Ausgang1" für maximal 2 s den Wert 1.

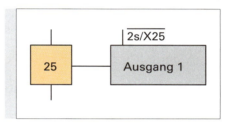

Bild 1: Zeitbegrenzte Aktion

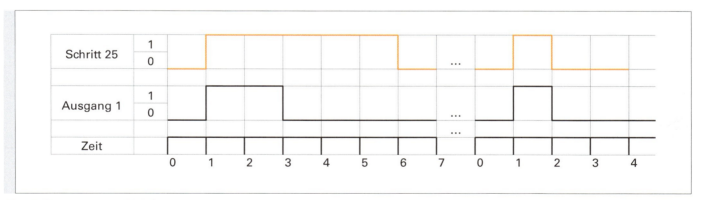

Bild 2: Diagramm zu Bild 1

 Erklären Sie, was mit der Aktion „Ausgang 1" geschieht, wenn der Schritt deaktiviert wurde, bevor die angegebene Zeit abgelaufen ist!

Wird der Schritt deaktiviert, bevor die angegebene Zeit abgelaufen ist,

so wird die Aktion in diesem Moment beendet!

1 Die GRAFCET-Grundlagen im Selbststudium
1.3 Aktionen

Welche Funktion hat Ihrer Meinung nach der GRAFCET in **Bild 1**?

 Zur Beantwortung dieser Frage ergänzen Sie das Diagramm in **Bild 2** um den Signalverlauf von Ausgang 1:

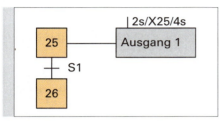

Bild 1: Nicht normgerechte Darstellung

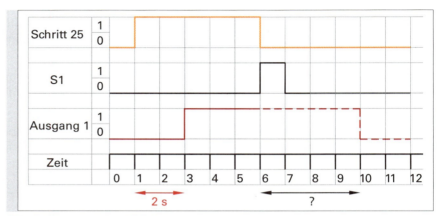

Bild 2: Diagramm zu Bild 1

Die unten stehenden drei Überlegungen sollen Ihnen helfen, den in **Bild 1** abgebildeten GRAFCET auf seine vermeintliche Funktion hin überprüfen zu können.

1. Darf eine kontinuierlich wirkende Aktion länger aktiv sein als der zugehörige Schritt?

Nein, eine kontinuierlich wirkende Aktion endet mit dem zugehörigen Schritt.

2. Welchen Wert muss die Variable X25 annehmen, damit die 4s ablaufen? Was bedeutet das für den Schritt 25?

Der Zustand der Variable X25 muss von true auf false wechseln, damit die 4s ablaufen.

Dies tritt jedoch erst ein, nachdem der Schritt 25 verlassen wurde.

3. Welche Schlussfolgerung ziehen Sie nun aus diesen Überlegungen?

Die Angabe X25/4s (Bild 1) ist nicht normgerecht, da sie sich selbst widerspricht!

Wie wird nun aber eine **Ausschaltverzögerung nach dem Verlassen von Schritt 25** realisiert?

 Ergänzen Sie das Diagramm in **Bild 3** um den Signalverlauf von „Schritt 26" und „Ausgang1":

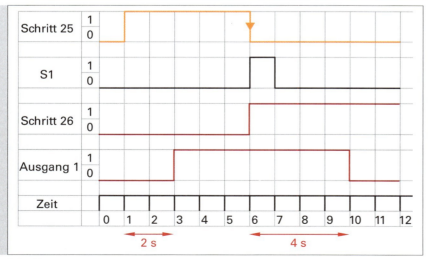

Bild 3: Diagramm

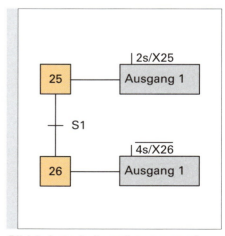

Bild 4: Ausschaltverzögerung nach Verlassen des Schrittes 25

1 Die GRAFCET-Grundlagen im Selbststudium
1.3 Aktionen

 Ergänzen Sie nun den Lückentext zum vorherigen Diagramm.

Nach Betätigung von __S1__ wird Schritt 25 deaktiviert. „Der Ausgang1" behält jedoch noch für __4 s__ den Signalzustand __1__.

Dies entspricht einer __Ausschaltverzögerung__ nach Deaktivierung des Schritts __25__.

Bsp. 1: Die Steuerung befindet sich in Schritt 25. Der Sensor B9 wird für 1 s vom Werkstück bedämpft und hat es somit erkannt. Nun soll 2 s später der Motor M2 für 4 s eingeschaltet werden.

 Ergänzen Sie passend zu Bsp. 1 den GRAFCET in **Bild 2**.

Das Diagramm in **Bild 1** dient als Hilfe.

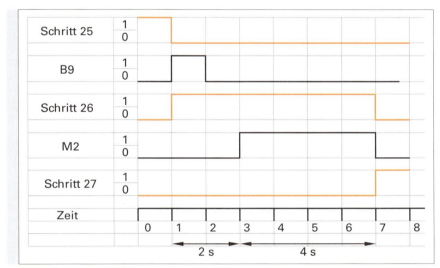

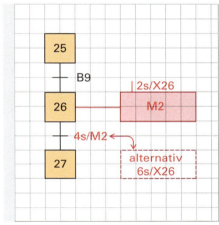

Bild 1: Diagramm zu Bild 2

Bild 2: GRAFCET zum Beispiel 1

 Ergänzen Sie im **Bild 3** das Diagramm, passend zum GRAFCET in **Bild 4**.

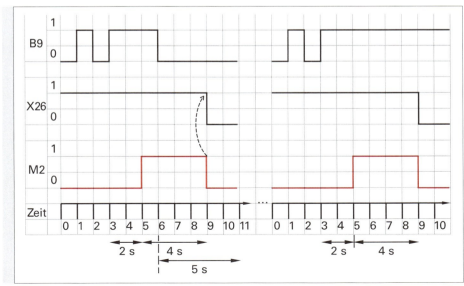

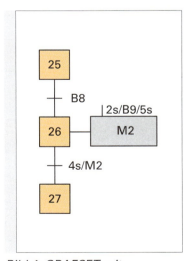

Bild 3: Diagramm zu Bild 4

Bild 4: GRAFCET mit überflüssiger Angabe

1 Die GRAFCET-Grundlagen im Selbststudium
1.4 Ablaufstrukturen

 Wodurch startet die Zeit von 2 s im **Bild 4** (Seite 21), und was ist die Voraussetzung dafür, dass diese 2 s fehlerfrei ablaufen?

Die 2 s starten mit positiver Flanke von B9. Damit die Zeit von 2 s fehlerfrei ablaufen kann, muss die Variable B9 währenddessen den Zustand „true" beibehalten.

 Wodurch startet die Zeit von 5 s im **Bild 4** (Seite 21)?

Die 5 s starten mit negativer Flanke von B9.

 Kann im **Bild 4** (Seite 21) die kontinuierlich wirkende Aktion M2 auch dann ausgeführt werden, wenn Schritt 26 nicht (mehr) aktiv ist?

Nein, denn kontinuierlich wirkende Aktionen sind maximal so lange aktiv, wie ihr zugehöriger Schritt.

 Welche Zeitangabe im **Bild 4** (Seite 21) kommt im Steuerungsablauf demnach nicht zur Geltung?

Die Zeit von 5 s kommt nicht voll zur Geltung, da der Schritt 26 schon nach 4 s deaktiviert wird.

1.4. Ablaufstrukturen

1.4.1 Alternative Verzweigung

Bisher wurde davon ausgegangen, dass eine Steuerung linear abläuft. Dies ist jedoch in der Praxis nicht immer der Fall. Oftmals erfolgt eine Unterscheidung, welcher Steuerungsablauf weiter abgearbeitet werden soll.

Beispielsweise kann ein Drehstrommotor ein Förderband entweder vorwärts oder rückwärts antreiben.

Die Norm spricht hier von einer sog. „Alternativen Verzweigung", weil entweder der eine oder aber der andere Schritt aktiv werden kann. Umgangssprachlich wird auch oftmals von einer „ODER-Verzweigung" gesprochen, was nicht normgerecht ist, jedoch den Kern der Sache gut beschreibt.

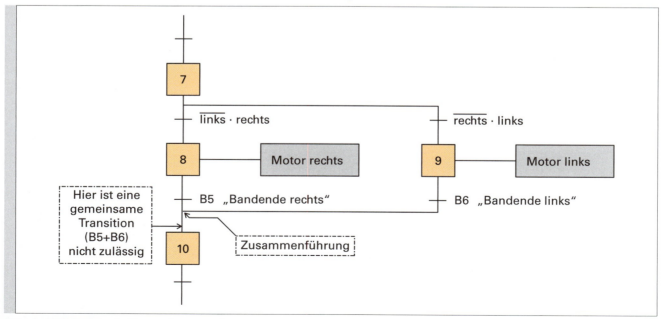

Bild 1: GRAFCET mit Alternativverzweigung

1 Die GRAFCET-Grundlagen im Selbststudium
1.4 Ablaufstrukturen

Nach Schritt 7 folgt eine Alternativverzweigung, d. h., die Steuerung geht entweder in den Schritt 8 oder 9 (je nachdem, welche der beiden Transitionen auslöst), über.

Unmittelbar nach der Alternativverzweigung besitzt jeder nachfolgende Schritt seine eigene Transition.

Die zugehörigen Transitionsbedingungen müssen so gestaltet sein, dass sie niemals gleichzeitig wahr sein können.

Um im GRAFCET von Schritt 7 in den Schritt 8 zu gelangen, muss Rechtslauf gewählt und darf Linkslauf nicht gewählt werden. Nachdem das Förderband das rechte Bandende erreicht hat, wird der Rechtslauf über den Endschalter B5 beendet, die Steuerung geht in den Schritt 10 über. Schritt 9 wurde somit nicht aktiviert.

Alternativ kann nach Schritt 7 Schritt 9 aktiv werden, wenn Linkslauf gewählt und Rechtslauf nicht gewählt wird. Nachdem das Förderband das linke Bandende erreicht hat, wird der Linkslauf über den Endschalter B6 beendet, die Steuerung geht in Schritt 10 über. Schritt 8 wurde somit nicht aktiviert.

Würden Rechtslauf und Linkslauf gleichzeitig gewählt, so würde die Steuerung im Schritt 7 bleiben.

 Am Ende einer Alternativverzweigung werden die einzelnen Zweige wieder zusammengeführt. Hier ist zu beachten, dass es **keine gemeinsame Transition** (z. B. „B5+B6") geben darf. Vielmehr muss vor der Zusammenführung **jeder Schritt** seine **eigene Transition** erhalten.
Die Nummerierung der Schritte (hier 8, 9) ist beliebig. So wäre anstatt 8, 9 auch 8.1, 8.2 denkbar.
Die Anzahl der Einzelschritte in den verschiedenen Verzweigungen ist beliebig.

1.4.2 Parallele Verzweigung

In einer Anlage kann es sein, dass eine Transition nicht nur einen Schritt, sondern mehrere Schritte gleichzeitig aktiviert.

Bild 1: Die Steuerung befindet sich in Schritt 7, der Taster S1 wird betätigt. Nun werden Schritt 8a und Schritt 8b gleichzeitig aktiv, die Steuerung befindet sich also **gleichzeitig in zwei Schritten.**

Die Transition **B7 wird erst dann freigegeben,** wenn alle unmittelbar vor ihr liegenden Schritte (10 und 8b) aktiv sind.

Die Lampe „Band fährt" leuchtet also während des Rechts- und Linkslaufes auf. Befindet sich die Anlage im Schritt 10 ("warten auf Bauteilerkennung"), so leuchtet die Lampe "Band fährt" nicht mehr.

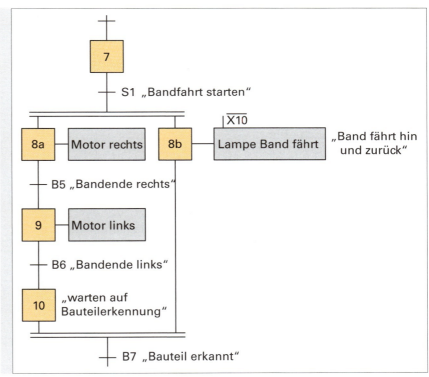

Bild 1: GRAFCET mit Parallelverzweigung

Mit einer gemeinsamen Transition (hier S1) werden **alle** Schritte einer parallelen Verzweigung aktiviert und mit einer anderen **gemeinsamen** Transition (hier B7) wieder deaktiviert. Damit die gemeinsame Transition nach einer Zusammenführung von parallelen Abläufen die vorherigen Schritte deaktivieren kann, müssen jedoch **alle** unmittelbar vor ihr liegenden Schritte aktiv sein!

1 Die GRAFCET-Grundlagen im Selbststudium
1.4 Ablaufstrukturen

Es gelten folgende Regeln für eine parallele Ablaufkette:
Die parallele Ablaufkette wird durch zwei parallel verlaufende Linien gekennzeichnet, die seitlich leicht überstehen.
Es gibt eine gemeinsame Transition, die unmittelbar vor dem parallelen Abzweig steht.
Die einzelnen parallelen Ketten laufen völlig unabhängig voneinander ab.
Erst nachdem alle Teilketten abgelaufen sind (jeweils der letzte Schritt ist aktiv), schaltet eine gemeinsame Transition in den nächsten Schritt. Es gibt also genau eine gemeinsame Transition, die alle parallelen Abläufe wieder zusammenführt.

Natürlich können durch einen parallelen Abzweig **beliebig viele Schritte** gleichzeitig aktiviert werden.

Bild 1: Durch S1 werden die Schritte 7a-7d gleichzeitig aktiv.

Sind die Schritte 10a-10d aktiv, so kann der parallele Ablauf durch S2 verlassen werden.

Man sagt, die **Transition** S2 wird erst dann **freigegeben**, wenn die Schritte 10a – 10d alle aktiv sind, da diese unmittelbar vor S2 liegen.

Sollte die Transition S2 ein High-Signal führen, obwohl nicht alle Schritte 10a-10d aktiv sind, wird die parallele Schrittkette nicht verlassen.

Die Transition ist in diesem Fall zwar erfüllt, jedoch nicht freigegeben und löst deshalb nicht aus.

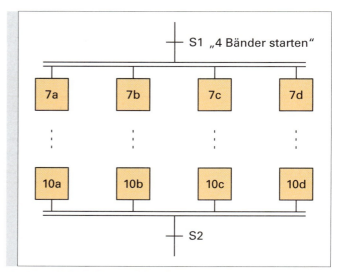
Bild 1: GRAFCET mit vielen Parallelverzweigungen

1.4.3 Rückführungen und Sprünge

Bild 2: Da sich in einer Schrittkette die Abläufe im Normalfall wiederholen, führt dann eine Linie vom Ende zurück zum Anfang, also von unten nach oben.

Die Richtung des Ablaufs ist somit dem üblichen Ablauf von oben nach unten entgegengesetzt und muss durch einen Richtungspfeil angezeigt werden.

Man kann eine Rückführung aber auch dazu verwenden, bestimmte Schritte mehrfach abzuarbeiten. So lassen sich auf einfache Art Programmschleifen darstellen.

In **Bild 3** ist zu sehen, dass nach dem Schritt 17 die Transition B4 wieder zurück in den Schritt 15 führt. Diese Schleife wird erst verlassen, wenn Schritt 17 aktiv ist und die Transition B1 erfüllt ist. Die UND-Verknüpfung von B4 mit $\overline{B1}$ verhindert, dass beide Transitionen gleichzeitig auslösen könnten.

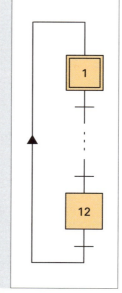
Bild 2: GRAFCET mit Rückführung

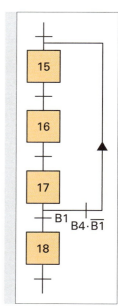
Bild 3: Programmschleife durch Rückführung

1 Die GRAFCET-Grundlagen im Selbststudium
1.4 Ablaufstrukturen

Sollte sich ein umfangreicher GRAFCET über mehrere Seiten erstrecken, so kann an den Nahtstellen zwischen zwei Seiten eine Art Vermerk geschrieben werden, der angibt, an welcher Stelle der GRAFCET auf der Folgeseite weitergeht.

Bild 1 zeigt das Blattende der ersten Seite eines GRAFCETs.

In **Bild 2** ist die Folgeseite des GRAFCETs dargestellt.

Die Angaben "Schritt 12, Seite 1" in Bild 2 sind laut Norm nicht nötig, können jedoch die Lesbarkeit unterstützen. Nun ist jederzeit klar, wo genau die Schrittkette aus zeichnerischen Gründen unterbrochen wurde, bzw. wo sie weitergeht.

Es ist natürlich ebenso möglich, auf einer Seite zwei GRAFCET-Zweige nebeneinander zu zeichnen, um ein Umblättern zu vermeiden.

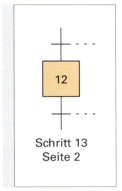
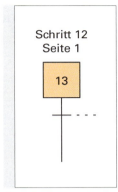

Bild 1: Seitenübergreifender GRAFCET, Ende der ersten Seite

Bild 2: Seitenübergreifender GRAFCET, Anfang der zweiten Seite

Bild 3: Auch eine Rückführung kann (anstelle eines Pfeils) mit einem Sprung realisiert werden.

Es kann darüber diskutiert werden, ob in diesem Beispiel eine normale Rückführung mit Pfeil nicht anschaulicher wäre. Bei einem umfangreichen GRAFCET ist die hier gezeigte Variante jedoch eine gute Möglichkeit, Kreuzungen von Wirkverbindungen zu vermeiden.

Kreuzungen sind zwar erlaubt, jedoch erschweren sie meist die Lesbarkeit eines GRAFCET und **sollen** deshalb so gut wie möglich **vermieden werden**.

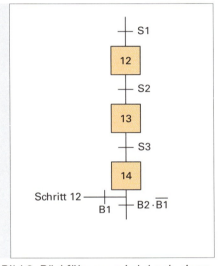
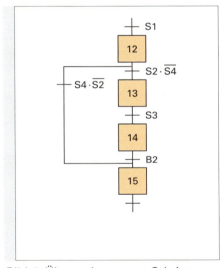

Bild 3: Rückführung wird durch einen Sprung realisiert

Bild 4: Überspringen von Schritten

In **Bild 4** ist zu sehen, wie man Teile der Schrittkette überspringen kann. Da **kein** richtungszeigender Pfeil eingezeichnet wurde, gilt nun wieder die **Wirkrichtung von oben nach unten**. Befindet sich die Steuerung in Schritt 12, kann durch die Transition S4 direkt zu Schritt 15 „gesprungen" werden, Schritt 13 und 14 werden somit nicht abgearbeitet.

1.4.4 Kommentare

Kommentare können an beliebige Stellen des GRAFCETs geschrieben werden. Sie müssen in Anführungszeichen gesetzt werden.

Durch Kommentare soll die Lesbarkeit des GRAFCETs verbessert werden.

Nun haben Sie die wichtigsten Grundlagen zur GRAFCET-Norm kennengelernt.
Im Kapitel 3 „Strukturierung von GRAFCETs, weiterführendes Wissen" werden weiterführende Normvorgaben erläutert.

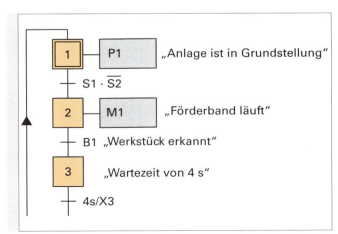

Bild 5: GRAFCET mit Kommentaren

1 Die GRAFCET-Grundlagen im Selbststudium
1.4 Ablaufstrukturen

Die bisher behandelten GRAFCET- Elemente in der Übersicht:

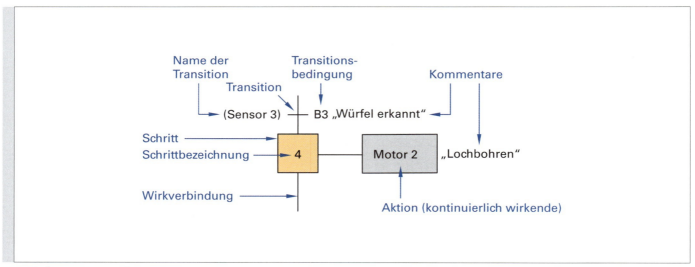

Bild 1: Übersicht der Darstellungsarten

Zusammenfassung der Darstellungsarten im GRAFCET

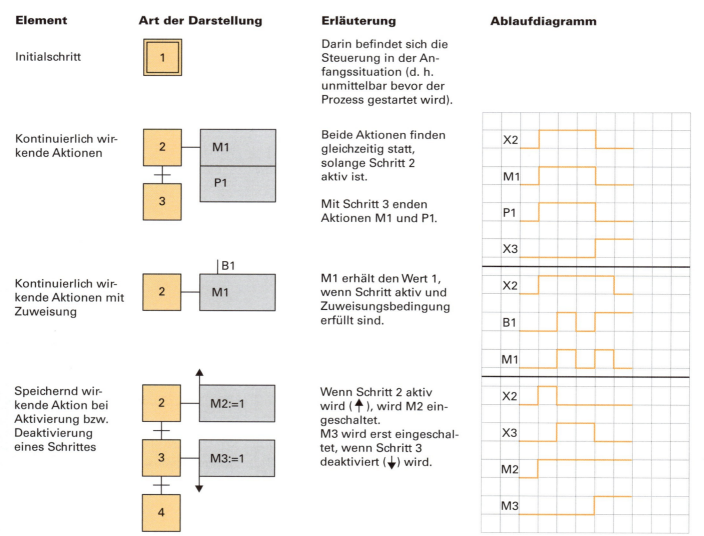

1 Die GRAFCET-Grundlagen im Selbststudium
1.4 Ablaufstrukturen

Element	Art der Darstellung	Erläuterung	Ablaufdiagramm
Speichernd wirkende Aktion bei einem Ereignis	Schritt 2, Aktion ↑B1 M2:=1; Schritt 3, Aktion ↓B2 M2:=0	M2 wird speichernd wirkend 1, wenn Schritt 2 aktiv ist und B1 eine steigende (↑) Flanke liefert. M2 wird speichernd wirkend 0, wenn Schritt 3 aktiv ist und B2 eine fallende (↓) Flanke liefert.	X2, B1, M2, X3, B2
Kontinuierlich wirkende Aktion mit zeitabhängiger Zuweisungsbedingung.	Schritt 2, Aktionen 2s/B1/1s M2, $\overline{3s/X2}$ M1. Wenn B1 nur für 1,5 s ein High-Signal liefert, wird die Aktion M2 nicht ausgeführt.	2 s, nachdem B1 eine steigende Flanke liefert, wird Aktion M2 ausgeführt. Liefert danach B1 eine fallende Flanke, vergeht noch 1 s, bis die Aktion M2 beendet wird. M1 ist in seiner Aktionsdauer auf 3s begrenzt.	X2, B1, M2, M1 (2 s, 1 s; 0 1 2 3 4 5)
Speichernd wirkende Aktion, verzögert	Schritt 2, Aktion 1s/X2 M2:=1; Schritt 3, Aktion 1s/X3 M2:=0	Als Ereignis wird hier die steigende Flanke des Ausdrucks (1s/X2) betrachtet. Auf den Pfeil (↑) kann verzichtet werden, denn ↓ (1s/X2) würde keinen Sinn ergeben.	X2, M2, X3 (1 s; 1 s; 0 1 2 3 4 5)
Alternative Verzweigung	Schritt 2 → Transitionen B2·$\overline{B1}$ bzw. $\overline{B2}$·B1 → Schritt 3 bzw. Schritt 4 → B3 bzw. B4 → Schritt 5	Von Schritt 2 ausgehend kann entweder Schritt 3 oder Schritt 4 aktiv werden, jedoch niemals beide Schritte gleichzeitig. Der Ersteller eines GRAFCETs hat dafür Sorge zu tragen, dass der abgebildete GRAFCET widerspruchsfrei ist. Eine gemeinsame Transition (direkt vor Schritt 5) wäre nicht zulässig. Bei einer Alternativverzweigung darf es keine gemeinsame Transition geben.	X2, B1, B2, X3 --- X2, B1, B2, X4

27

1 Die GRAFCET-Grundlagen im Selbststudium
1.4 Ablaufstrukturen

Element	Art der Darstellung	Erläuterung	Ablaufdiagramm
Parallele Verzweigung	(Schritt 2, Transition (1) B2, parallele Zweige mit Schritten 3.1/3.2 und 3.3/3.4, Transition (2) B3, Schritt 4)	Ist Schritt 2 aktiv, so aktiviert die gemeinsame Transition (1) die Schritte 3.1 und 3.2. Jetzt laufen beide Ketten parallel, voneinander unabhängig ab. Die gemeinsame Transition (2) wird erst freigegeben, wenn Schritt 3.3 und Schritt 3.4 aktiv sind.	X2, B2, X3.1, X3.2, X3.3, X3.4, B3, X4
Schritt als Zeittrigger	(Schritt 2, Transition 1s/X2, Schritt 3)	Wird Schritt 2 aktiv, so beginnt die Zeit abzulaufen. Nach 1 s ist somit die Transition erfüllt, sie löst aus. Schritt 3 wird aktiviert, Schritt 2 deaktiviert.	X2, X3 (Zeitachse 0–6, 1 s Markierung)
Flanke als Transition	(Schritt 2, Transition ↓ S1, Schritt 3)	Schritt 2 ist aktiv und Taster S1 wird betätigt. Die Transition ist erst dann erfüllt, wenn S1 wieder losgelassen wird.	X2, S1, X3

28

2 Grundlagen der Norm GRAFCET DIN EN 60848

2 Grundlagen der Norm GRAFCET DIN EN 60848

Die europäische Norm „GRAFCET" (DIN EN 60848) ersetzt die DIN 40719, Teil 6 seit dem 01.04.2005. GRAFCET ist europaweit gültig.

Der Begriff GRAFCET stammt aus dem Französischen und steht für „**GRA**phe **F**onctionnel de **C**ommande **E**tapes **T**ransitions".

Zu Deutsch: „Darstellung der Steuerungsfunktion mit Schritten und Weiterschaltbedingungen".

Wenn bei der Entwicklung von Maschinen Fachkräfte aus den verschiedensten Fachbereichen erfolgreich zusammenarbeiten möchten, ist es wichtig, dass alle die gleiche (Fach-) Sprache sprechen. GRAFCET stellt hier eine gute Möglichkeit dar, Funktionsabläufe eindeutig und leicht interpretierbar abzubilden. Ist die Entwicklung bzw. der Bau einer Anlage abgeschlossen, so dient der GRAFCET im nächsten Schritt dem Programmierer als Vorlage. Hierbei ist es gleichgültig, mit welcher Steuerung (SPS, LOGO usw.) die Anlage betrieben wird. Der GRAFCET sollte deshalb zu Beginn der Entwicklung anlagenneutral erstellt werden.

Soll der GRAFCET jedoch nur dem **Programmierer als Grundlage** dienen, so kann es sehr hilfreich sein, den GRAFCET nicht anlagenneutral, sondern **anlagenspezifisch** zu erstellen.

Was bedeutet anlagenneutral bzw. anlagenspezifisch und welche Variante ist zu bevorzugen?

Wird ein GRAFCET anlagenneutral erstellt, so macht man sich keine Gedanken, ob beispielsweise beim Bau der Anlage Öffner oder Schließer verwendet werden. Es wird lediglich zwischen „Taster betätigt" (S1) und „Taster nicht betätigt" ($\overline{S1}$) unterschieden (Betätigungslogik).

Jedoch wird ein Sensor B2, der eine Bewegung stoppen soll, aus Gründen der Drahtbruchsicherheit als Öffner verdrahtet. Wird dieser Sensor bedämpft, so liefert er ein Null-Signal, was im **anlagenspezifischen** GRAFCET als negiertes Signal („B2 nicht") dargestellt wird.

Auch bei Ausgängen (z.B. Kolbenstange) wird in der **anlagenneutralen** Darstellung beispielsweise nicht darauf geachtet, ob zur Ansteuerung Pneumatikventile mit oder ohne Federrückstellung verwendet werden. Um den kompletten Arbeitszyklus einer Anlage verständlich abbilden zu können, hat diese Vorgehensweise ihre Vorteile.

Beide Betrachtungsweisen haben ihre Stärken und Schwächen. So ist es für den Programmierer, der den GRAFCET in ein ablauffähiges Programm umsetzen muss (z. B. an einer SPS) von Vorteil, wenn der Ausdruck B2 mit einem High-Signal gleichzusetzen wäre (und der GRAFCET natürlich passend dazu geschrieben wurde). Ein Ausschalten wäre dann im GRAFCET durch den Ausdruck „nicht B2" gekennzeichnet. Dies könnte exakt so in das SPS-Programm übernommen werden, denn an den Eingangsklemmen der Steuerung kommt ja bei bedämpftem Sensor B2 tatsächlich ein 1-Signal an.

Beschränkt man sich jedoch darauf, mit dem GRAFCET den Steuerungsablauf einer Anlage beschreiben zu wollen, so ist es zweckmäßiger, die Logik betätigt/unbetätigt im kompletten GRAFCET unbeirrt anzuwenden. Somit würde der Ausdruck B2 bedeuten, dass der Sensor bedämpft wurde, was mit einem Aus-Befehl gleichzusetzen wäre. Ebenso würde der Ausdruck S1 (Taster) bedeuten, dass dieser Taster betätigt wurde, gleichgültig, ob nun ein Öffner oder Schließer dieses Tasters an die SPS verdrahtet wurde.

Man sieht, beide Betrachtungsarten sind möglich und begründbar. Der Ersteller des GRAFCET sollte sich also vorab überlegen, zu welchem Zweck er den GRAFCET benötigt und eine entsprechende Variante wählen.

Die Norm begegnet diesem Sachverhalt mit dem Hinweis, dass GRAFCET eine Sprache ist, die das logische Verhalten von Systemen festlegt, und dies losgelöst von dem geplanten Umsetzungsverfahren.

2 Grundlagen der Norm GRAFCET DIN EN 60848
2.2 Transition

2.1 Initialschritt

Zu nahezu jeder Schrittkette gehört ein Startschritt, der sog. Initialisierungsschritt oder kurz Initialschritt. Noch bevor der Anlagenprozess gestartet wird, befindet sich die Anlage automatisch in diesem Schritt. Er wird mit einem Doppelrahmen dargestellt. Die Nummer des Schrittes ist hierbei nicht fest vorgeschrieben, oft wird jedoch die 0 bzw. 1 verwendet. Jeder Schritt erhält eine Bezeichnung, z.B. eine Nummer (i.d.R. fortlaufend). Befindet sich eine Anlage in einem bestimmten Schritt, so besitzt die entsprechende Schrittvariable den Wert 1. Die Schrittvariable eines deaktivierten Schrittes besitzt den Wert 0.

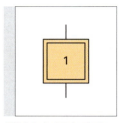

Bild 1: Initialschritt, Schrittvariable X1

Bsp. 1: Befindet sich die Anlage im Initialschritt, so wird dieser als aktiv bezeichnet, X1=1.

Ob der Initialisierungsschritt mit der Zahl 0 oder mit der Zahl 1 betitelt wird, ist gleichgültig.

Einige GRAFCET-Editoren erlauben beispielsweise den Schritt 0 nicht.

In folgendem Bild befindet sich die Steuerung im Schritt 9. Dies wird durch den **Punkt im Schrittkästchen** dargestellt.

Werte der Schrittvariablen:

X9 = 1

X10 = 0

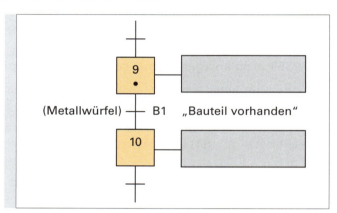

Bild 2: Aktiver Schritt

2.2 Transition

Befindet sich die Steuerung in einem Schritt, so gelangt sie nur in den nächsten Schritt, wenn die Weiterschaltbedingung (= Transition) auslöst. Um auszulösen, muss sie erfüllt und freigegeben sein. Freigegeben ist eine Transition, wenn alle unmittelbar vor ihr liegenden Schritte aktiv sind. Die Transition wird durch einen waagerechten Strich dargestellt, rechts davon steht die Bedingung, welche zur Auslösung der Transition führt.

Name

Wenn ein optionaler Name vergeben wird, so muss dieser links neben der Transition in Klammern stehen.

Kommentar

Ein Kommentar darf an beliebiger Stelle stehen, jedoch muss er in Anführungszeichen gesetzt werden.

Bsp. 2: Schritt 3 ist aktiv, Schritt 4 wird erst dann aktiviert, wenn die Weiterschaltbedingung (B2=1 „Werkstück angekommen") erfüllt ist:

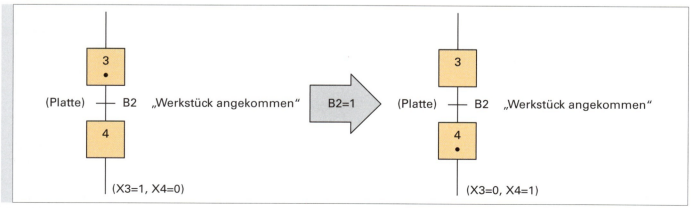

Bild 3: Wechsel von einem Schritt zum nächsten durch Auslösung der Transition

2 Grundlagen der Norm GRAFCET DIN EN 60848
2.2 Transition

Die Transition B2 ist dann freigegeben, wenn Schritt 3 aktiv ist. Ist nun auch noch die zugehörige Transitionsbedingung erfüllt (B2=1), so kommt es zur Auslösung der Transition, eine Weiterschaltung zum Schritt 4 erfolgt.

Wird Schritt 4 aktiv, so erfolgt automatisch eine Deaktivierung des vorherigen Schrittes, X3 wird also null. Darum muss sich der Ersteller eines GRAFCETs nicht extra kümmern, er muss es nur wissen.

Trotzdem kann es (obwohl es keine parallelen Verzweigungen oder untergeordnete GRAFCETs gibt) sein, dass mehrere Schritte gleichzeitig aktiv sind. Um dieses (spezielle) Verhalten verstehen zu können, ist das Verständnis einer Quell- und Schlusstransition (Kapitel 3.7) hilfreich, welches Sie jedoch erst lesen sollten, wenn Sie sich sicher im Umgang mit der GRAFCET-Norm fühlen.

Später wird gezeigt, dass es auch parallele Ablaufketten gibt, dort können auf einfache Art und Weise mehrere Schritte gleichzeitig aktiv sein.

In allen GRAFCETs gilt jedoch immer folgende Grundregel:

 Um einen fehlerfreien Ablauf zu gewährleisten, müssen sich **Schritte und Transitionen immer abwechseln**!

Die Weiterschaltbedingung darf in
- Textform (Taster S1 und Taster S2),
- mit booleschem Ausdruck
  - Punkt (•)   = UND-Verknüpfung,
  - Plus-Zeichen (+)   = ODER-Verknüpfung,
  - Strich über Variablennamen ($\overline{S1}$) = NEGATION
- oder mithilfe grafischer Symbole dargestellt werden.

Eine Tabelle mit den verschiedenen Darstellungsmöglichkeiten von Transitionen befindet sich auf Seite 6.

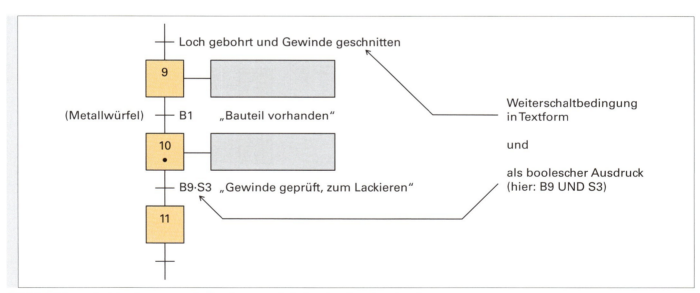

Bild 1: Weiterschaltbedingungen in Textform und als boolescher Ausdruck

2 Grundlagen der Norm GRAFCET DIN EN 60848
2.2 Transition

Bsp. 1: Nach 10 s soll automatisch in den nächsten Schritt (12) weitergeschaltet werden:

Das Gewinde wurde geprüft (B9=1) und der Taster S3 wurde betätigt.

Die Steuerung geht in den Schritt 11 über, X11 wechselt also von 0 auf 1, und es beginnen die 10 s abzulaufen.

Erst nach Ablauf der Lackierzeit kommt es schließlich zur Auslösung der Transition, Schritt 11 wird dadurch deaktiviert, der nachfolgende Schritt wird aktiviert.

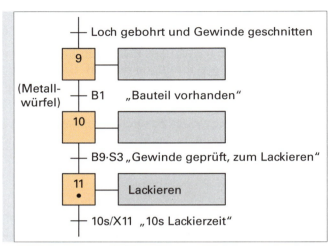

Bild 1: Zeitabhängige Transition

Bsp. 2: Um in den nächsten Schritt (13) zu gelangen, muss Taster S5 betätigt werden. Es soll jedoch gewährleistet werden, dass der Würfel wirklich trocken ist, bevor in den Schritt 13 gewechselt wird, deshalb soll der Ventilator nach Betätigung von S5 noch 5 s weiterlaufen. Erst danach wird in Schritt 13 gewechselt:

Nach dem zehnsekündigen Lackieren folgt automatisch der Trocknungsvorgang. Wechselt also X12 von 0 auf 1, so wird die Transition freigegeben.

Der Ventilator trocknet den Würfel so lange, bis der Bandarbeiter den Taster S5 per Hand betätigt.

Die 5 s laufen jedoch erst ab, nachdem S5 betätigt wurde, S5 muss 5s lang betätigt bleiben.

Hinweis: Der Arbeiter muss den Taster für 5 s **dauerbetätigen**, um die Transition zu erfüllen!

Wie man eine „echte" Ausschaltverzögerung nach Verlassen eines Schrittes realisiert, wird auf Seite 39 gezeigt.

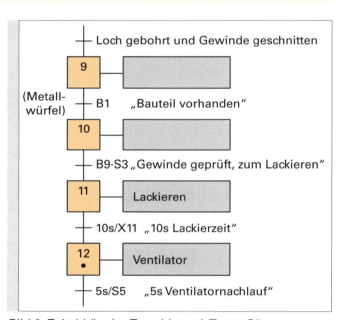

Bild 2: Zeitabhängige Transition mit Taster S5

2 Grundlagen der Norm GRAFCET DIN EN 60848

2.3 Aktionen

2.3 Aktionen

In einem GRAFCET werden Aktionen fast immer (es gibt einen Spezialfall, „Aktion bei Auslösung", der später abgehandelt wird) einem Schritt zugeordnet. Üblicherweise besitzt jeder Schritt mindestens eine Aktion, besitzt er keine Aktion, so spricht man von einem Leerschritt.

2.3.1 Möglichkeiten der Darstellung

An einen Schritt können eine oder mehrere Aktionen angehängt werden. Die gezeichnete Reihenfolge der Aktionen hat keinerlei Bedeutung.

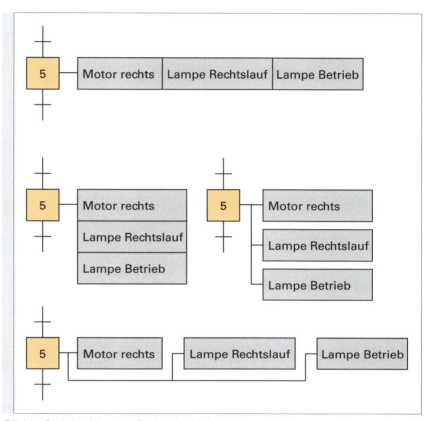

Alle drei Aktionen werden dann ausgeführt, wenn Schritt 5 aktiv ist (X5=1) **(Bild 1)**.

Wird Schritt 5 verlassen, so werden auch alle drei Aktionen sofort gleichzeitig beendet.

Die bisher gezeigten Aktionen sind sog. **kontinuierlich wirkende** Aktionen.

Jedoch gibt es zusätzlich noch Aktionen mit unterschiedlichem Verhalten:
- kontinuierlich wirkende Aktionen mit Zuweisung,
- speichernd wirkende Aktionen bei Aktivierung/Deaktivierung eines Schrittes, sowie
- speichernd wirkende Aktionen bei einem Ereignis.

Bild 1: Gleichzeitig stattfindende Aktionen

2.3.2 Kontinuierlich wirkende Aktionen

Die im Aktionskästchen beschriebene Variable besitzt den Wert 1, solange der Schritt selbst aktiv ist. Wird der Schritt verlassen, so wird der Variablen der Wert 0 zugewiesen.

Bild 2: Solange sich die Steuerung im Schritt 4 befindet, leuchtet die Lampe P1.

Hierbei ist es gleichgültig, ob die Aktion durch „P1" oder durch „Lampe P1" beschrieben wird.

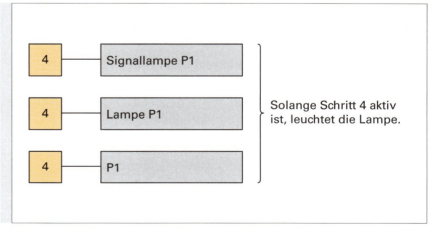

 Es sollte immer die Variante gewählt werden, welche die Lesbarkeit des GRAFCETs erhöht. So besitzt z. B. die Bezeichnung „Signallampe" nicht mehr Information als „Lampe P1" oder nur „P1".

Bild 2: Verschiedene Arten der Darstellung einer kontinuierlich wirkenden Aktion

2 Grundlagen der Norm GRAFCET DIN EN 60848
2.3 Aktionen

2.3.3 Kontinuierlich wirkende Aktion mit Zuweisung

Der in der Aktion beschriebenen Variablen wird nur dann der Wert 1 zugewiesen, wenn neben dem aktiven Schritt zusätzlich die Zuweisungsbedingung erfüllt ist. Ansonsten besitzt die Variable den Wert 0 (selbst wenn der entsprechende Schritt aktiv ist).

Hier lauten die Zuweisungsbedingungen S1 bzw. S2 (**Bild 1**).

Befindet sich die Steuerung im Schritt 5, so wird mit S1=1 der Rechtslauf gestartet (S1 muss 1 bleiben). Wird S1 losgelassen und S2=1, so wird Linkslauf aktiviert (S2 muss bei 1 bleiben).

Durch die Negierungen von S1 und S2 wird eine Taster-Verriegelung realisiert, damit nicht beide Drehrichtungen gleichzeitig aktiviert werden können.

Es werden hier also **keine Flanken** von X5 oder den Zuweisungen (S1, S2) abgefragt.

Der Schritt 5 könnte somit die Bezeichnung „Drehrichtungen" erhalten.

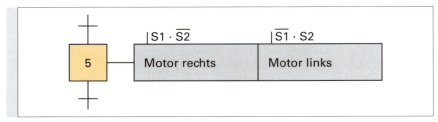

Bild 1: Aktion mit Zuweisung

2.3.4 Speichernd wirkende Aktionen bei Aktivierung eines Schrittes ↑

Wird eine Aktion speichernd wirkend gezeichnet, so behält sie ihren zugewiesenen Wert (z. B. :=1) so lange, bis sie in einem späteren Schritt einen anderen Wert (z. B. :=0) zugewiesen bekommt.

> **Hinweis:** Der Doppelpunkt, gefolgt vom „Ist-gleich"-Zeichen, ist hier zwingend vorgeschrieben!

Im GRAFCET muss **zusätzlich exakt** angegeben werden, **wann** diese speichernde Zuweisung vollzogen werden soll,
- **bei Aktivierung** eines Schrittes oder
- **bei Deaktivierung** eines Schrittes.

Zum Zeitpunkt der Aktivierung des Schritts (steigende Flanke der Schrittvariablen, dargestellt durch linksbündigen Pfeil nach oben) wird der beschriebenen Variablen der angegebene Wert zugewiesen.

Die Variable M1 wird speichernd wirkend auf 1 gesetzt, wenn der Schritt 5 aktiviert wird (**Bild 2**).

Dies geschieht, wenn sich die Steuerung im Schritt 4 befindet und dann S1 betätigt wird.

Wird später S2 betätigt, so wird zwar Schritt X6 aktiv und dadurch Schritt X5 deaktiviert, jedoch behält M1 den Wert 1 so lange, bis M1 an anderer Stelle im GRAFCET den Wert 0 speichernd wirkend (M1:=0) zugewiesen bekommt. Da die Variable M1 hier speichernd wirkend beschrieben wurde, darf sie im gesamten GRAFCET an **keiner** anderen Stelle in einer kontinuierlich wirkenden Aktion verwendet werden!

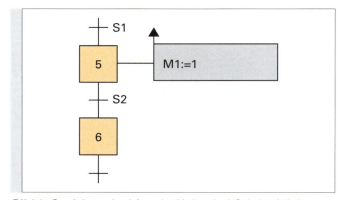

Bild 2: Speichernd wirkende Aktion bei Schrittaktivierung

2 Grundlagen der Norm GRAFCET DIN EN 60848
2.3 Aktionen

Mittels einer speichernd wirkenden Aktion können auch Zählvariablen realisiert werden (**Bild 1**):

Der Wert der **Variablen „C"** wird um 1 erhöht, wenn der Schritt 5 aktiviert wird.

Der (frei wählbare) Buchstabe „C" steht für engl. *Counter* (Zähler).

Die Leserichtung erfolgt hier ungewohnt von rechts nach links, denn der Wert „C+1" wird in der Variablen „C" hinterlegt.

Somit bleibt der neue (erhöhte) Stand des Counters auch dann auf seinem Wert, nachdem Schritt 5 deaktiviert wurde.

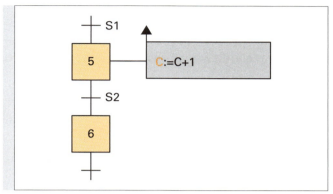

Bild 1: Hochzählen einer Zählvariablen

Der Wert bleibt so lange gespeichert, bis er (an anderer Stelle) rückgesetzt bzw. überschrieben wird.

2.3.5 Speichernd wirkende Aktion bei Deaktivierung eines Schrittes ↓

Zum Zeitpunkt der Deaktivierung des Schritts (fallende Flanke der Schrittvariablen, dargestellt durch linksbündigen Pfeil nach unten) wird der beschriebenen Variablen der angegebene Wert zugewiesen.

Der Rechtslauf wird erst dann beendet, wenn Schritt 6 deaktiviert wird. (**Bild 2**)

Dies geschieht, wenn folgende Kriterien erfüllt sind:
1. Die Steuerung befindet sich im Schritt 6.
2. Danach wird S3 betätigt.
   Anmerkung: Wird S3 betätigt, bevor die Steuerung in den Schritt 6 gelangt, so führt das in diesem Spezialfall ebenso zur Beendigung des Rechtslaufes. Mehr hierzu im Kapitel 3.5 transienter Ablauf.

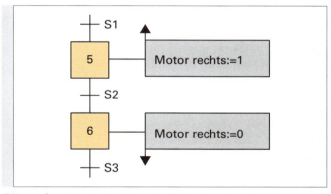

Bild 2: Speichernd wirkende Aktion bei Deaktivierung des Schritts

Um Missverständnissen vorzubeugen, sei hier klar angemerkt, dass man **bei Deaktivierung** eines Schrittes auch eine **Aktion auf 1** setzen kann, wie das Beispiel „Lampe Stillstand" (**Bild 3**) zeigt.

Im GRAFCET wird der Rechtslauf des Motors genau dann beendet, wenn Schritt 6 deaktiviert wird. Dies geschieht, wenn Schritt 6 aktiv ist und S3 gleich 1 wird.

Die Aktion „Lampe Stillstand" könnte man alternativ auch als speichernd wirkende Aktion bei Aktivierung des Schrittes 7 darstellen, denn die Aktivierung des Schrittes 7 (durch S3) führt unmittelbar zur Deaktivierung des Schrittes 6.

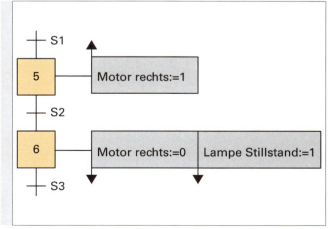

Bild 3: Speichernd wirkende Aktion bei Deaktivierung des Schritts

2 Grundlagen der Norm GRAFCET DIN EN 60848
2.3 Aktionen

2.3.6 Speichernd wirkende Aktion bei einem Ereignis ⚑

Der in der Aktion beschriebenen Variablen wird nur dann der angegebene Wert speichernd wirkend zugewiesen, wenn **bei aktivem Schritt** an der Zuweisungsbedingung eine steigende oder fallende **Flanke** auftritt.

Die speichernd wirkende Aktion bei einem Ereignis ist von der Aktion mit Zuweisung zu unterscheiden. Die Darstellung sieht zwar ähnlich aus, jedoch ist die Funktion eine andere.

Beide Aktionen in der Gegenüberstellung:

In GRAFCET (**Bild 1**) ist es gleichgültig, wann S1 den Wert 1 erhält.
Wichtig ist nur, dass S1=1 ist, wenn auch X5=1 ist. Somit handelt es sich um eine Aktion mit Zuweisung, wie im Kapitel 2.3.3 beschrieben.

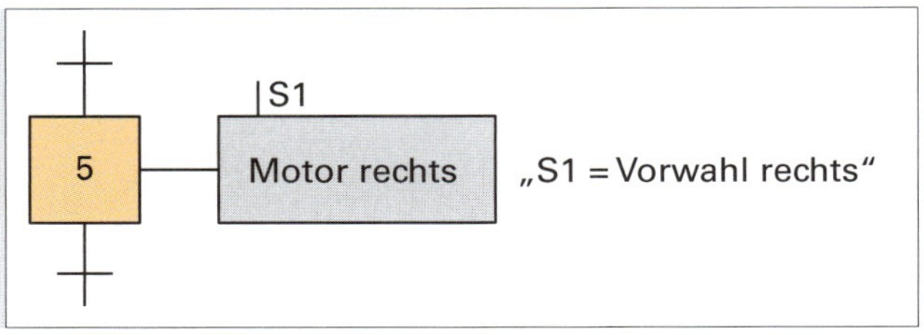

Bild 1: Aktion mit Zuweisung

Bei einer speichernden Aktion bei einem **Ereignis** ist das jedoch anders (**Bild 2 u. 3**).

Die Variable „Teil_geprüft" wird speichernd wirkend auf 1 gesetzt, wenn:
Schritt 5 aktiv ist und
B1 **währenddessen** eine **steigende Flanke** liefert.

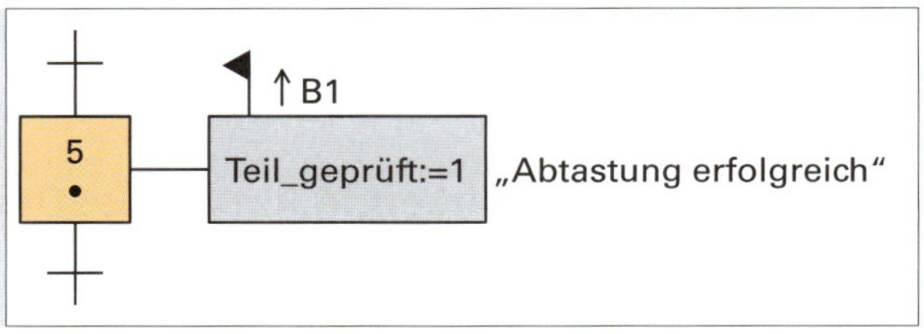

Bild 2: Speichernde Aktion bei einem Ereignis (Flanke)

Die Variable „Teil_geprüft" wird speichernd wirkend auf 1 gesetzt, wenn:
Schritt 8 aktiv ist und
B1 **währenddessen** eine **fallende Flanke** liefert.

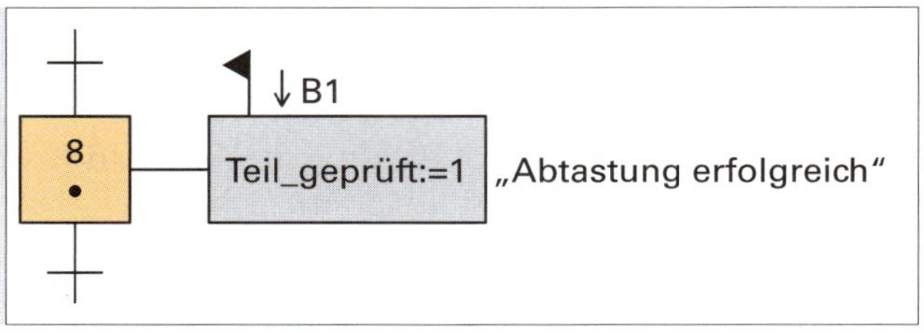

Bsp. 1: Die Steuerung (**Bild 2**) befindet sich im Schritt 4, B1 liefert eine steigende Flanke und behält den Wert 1 dauerhaft. Was bedeutet dies für die Variable „Teil_geprüft", wenn die Steuerung danach in den Schritt 5 wechselt?

Bild 3: Speichernde Aktion bei einem Ereignis (fallende Flanke)

Der Variablen „Teil_geprüft" wird **nicht** der Wert 1 zugewiesen, da die Flankenabfrage der Variablen B1 im Schritt 5 den Wert „false" liefert. Erst nachdem B1 eine steigende Flanke liefert **während** Schritt 5 aktiv ist, wird „Teil_geprüft" auf den Wert 1 gesetzt. Diesen Wert behält „Teil_geprüft" so lange, bis an anderer Stelle im GRAFCET der Wert 0 zugewiesen wird.

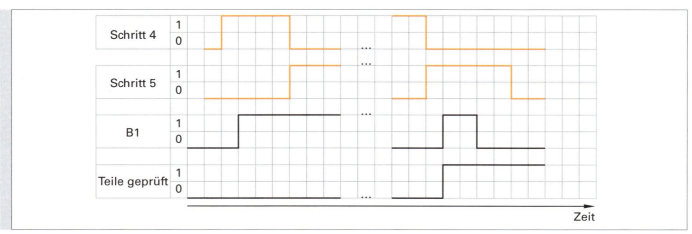

Bild 4: Ablaufdiagramm zu Bsp. 1

2 Grundlagen der Norm GRAFCET DIN EN 60848
2.3 Aktionen

2.3.7 Aktionen und Zeiten

Kontinuierlich wirkende Aktion mit zeitabhängiger Zuweisungsbedingung

Im Kapitel 2.3.3 wurde die **Aktion mit Zuweisung** behandelt. Dieser Zuweisung können **Zeitangaben zugefügt** werden. Dann spricht man von „**kontinuierlich wirkenden Aktionen mit zeitabhängigen Zuweisungsbedingungen**".

 Eine Zeit, die links neben einer Variablen steht, startet nach der positiven Flanke der Variablen. Die rechts neben der Variable stehende Zeit startet nach der negativen Flanke der Variablen.

Bsp. 1: Der Sensor B9 liefert eine positive Flanke, 2 s später wird M2 ausgeführt (Einschaltverzögerung). Wenn Sensor B9 eine negative Flanke liefert, wird M2 noch für weitere 4 s ausgeführt (Ausschaltverzögerung).

Links von B9 steht die Zeit 2 s. Durch die **steigende** Flanke von B9 starten die 2 s.

Rechts von B9 steht die Zeit 4 s. Durch die **fallende** Flanke von B9 starten die 4 s.

Voraussetzung ist immer, dass der Schritt selbst (hier: X25) aktiv bleibt.

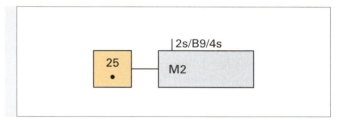

Bild 1: Zeitabhängige Zuweisungsbedingung

Die Zeit links von B9 stellt somit eine Einschaltverzögerung dar. Die 4 s rechts von B9 wirken als Ausschaltverzögerung.

Hinweis: Die Einschaltverzögerung von 2 s wird nur dann wirksam, wenn B9 für die Dauer von 2s den Signalzustand 1 behält (die positive Flanke von B9 alleine genügt also nicht). Die 2s starten zwar mit der pos. Flanke von B9, sie laufen jedoch nur dann vollständig ab, wenn B9 weiterhin dauerhaft ein 1-Signal liefert.

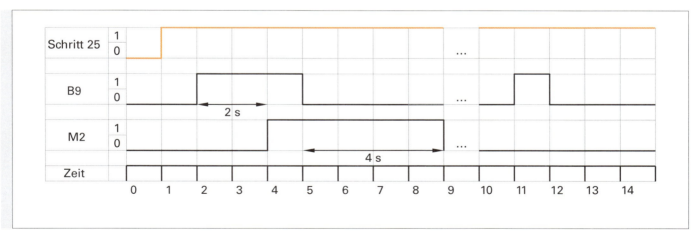

Bild 2: Ablaufdiagramm zu Bsp. 1

Verzichtet man auf die Zeit rechts der Variablen (2s/B9), so erhält man eine Einschaltverzögerung. Die Schreibweise 0s/B9/4s kann alternativ durch den Ausdruck B9/4s (also den Verzicht der Zeit links der Variablen) erfolgen. In diesem Fall erhält man eine Art Abschaltverzögerung.

2 Grundlagen der Norm GRAFCET DIN EN 60848
2.3 Aktionen

Einschaltverzögerung

Setzt man in **Bild 1** (Seite 37) anstatt der 4 s den Wert 0 s ein, so wird klar, dass die Ausschaltverzögerung nicht mehr wirksam ist, es wirkt nur noch die Einschaltverzögerung.

Anstatt jedoch den Wert 0 s einzutragen, verzichtet man bei einer Einschaltverzögerung komplett auf die Zeitangabe rechts der Variablen.

2 s nachdem Schritt 25 aktiv wurde, erhält die Variable M2 den Wert 1.

Wird der Schritt 25 deaktiviert, so erhält die Variable M2 den Wert 0.

Als Zusatzbedingung wird hier der Schritt selbst angegeben.

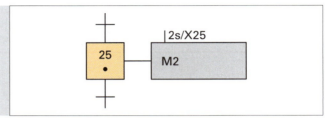
Bild 1: Einschaltverzögerung

Anstelle einer Schrittvariablen X kann natürlich jede andere Variable (z. B. Sensor) geschrieben werden.

Der Sensor muss dann aber mindestens für die angegebene Zeit den Wert 1 liefern. Wird das Sensorsignal vor Ablauf der angegebenen Zeit 0, so wird die Aktion nicht ausgeführt.

Die Zeit startet also mit der Signalflanke, läuft jedoch nur ab, wenn das Signal danach noch weiter anliegt.

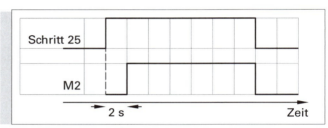
Bild 2: Diagramm zu Bild 1

Hinweis: Wird der Schritt 25 deaktiviert, bevor die 2 s abgelaufen sind, so wird die Aktion „M2" nicht ausgeführt.

Bsp. 1: Der Planer einer Anlage wollte die Aktion M2 2 s nach Aktivierung des Schrittes 25 ausführen. M2 sollte 4 s nach Verlassen des Schrittes 25 deaktiviert werden.
Entsprechend der Logik aus **Bild 1**, Seite 37, fertigte er den GRAFCET **(Bild 3)** an.

Welche Funktion hätte der GRAFCET im Bild 3?

Konsequent gedacht würde dies bedeuten, dass M2 für weitere 4 s aktiv bleibt, nachdem Schritt X25 verlassen wurde.

Das kann natürlich nicht sein, da die Aktion M2 nur für die Dauer des zugehörigen Schrittes aktiv sein kann.

Diese Darstellung kann somit nicht normgerecht sein. Der GRAFCET ist falsch gezeichnet!

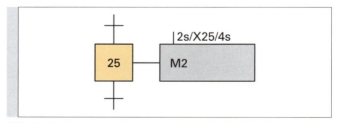
Bild 3: Nicht normgerechte Darstellung

Wie wird aber dann eine Ausschaltverzögerung, nachdem Schritt 25 deaktiviert wird, realisiert?

2 Grundlagen der Norm GRAFCET DIN EN 60848
2.3 Aktionen

Ausschaltverzögerung, nachdem ein Schritt deaktiviert wurde
Wie im vorherigen Beispiel angedeutet, soll (durch Transition S1) Schritt 25 deaktiviert werden und M2 soll erst 4 s später inaktiv werden.
Hier wurde eine Ausschaltverzögerung realisiert, indem im Schritt 26 eine **zeitbegrenzte Aktion** gewählt wurde. Eine **zeitbegrenzte Aktion** wird durch eine **Negation einer Einschaltverzögerung** dargestellt.

Bild 1: Wird X25=1, so wird M2 aktiv, es läuft keine Zeit ab.

Nun wird S1 betätigt, Schritt 25 wird deaktiviert.

Schritt 26 wird aktiv, M2 bleibt vorerst aktiv und die 4 s laufen ab.

Spätestens nach Ablauf dieser Zeit wird die Aktion M2 jedoch inaktiv.

Würde X26 vor Ablauf der 4 s verlassen, so würde dadurch M2 umgehend inaktiv.

In der Gesamtbetrachtung wurde somit also eine **Ausschaltverzögerung von 4 s nach Deaktivierung des Schritts 25** (durch Betätigung von S1) realisiert.

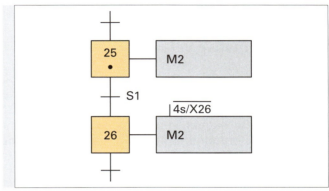

Bild 1: Ausschaltverzögerung durch Zeitbegrenzung

Bsp. 1: Ein Motor soll (nachdem Sensor B3 von 1 auf 0 wechselt) für 5 s nachlaufen **(Bild 2)**.

Schritt 7 ist aktiv, die Variable Motor wird dadurch true.

Mit fallender Flanke von B3 wird Schritt 8 aktiviert, die Aktion „Motor" wird weiter ausgeführt.

Gleichzeitig wird durch X8=1 die Zeit 5 s der nachfolgenden Transition gestartet.

Nach Ablauf der 5 s ist die Transition erfüllt und Schritt 8 wird verlassen.

Der Befehl „Motor" wird also 5 s, nachdem B3 eine fallende Flanke lieferte, inaktiv.

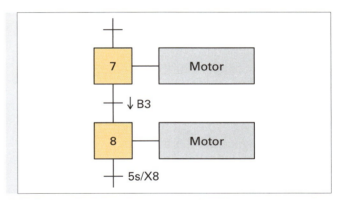

Bild 2: Ausschaltverzögerung von 5 s

 So wird eine Einschaltverzögerung realisiert:
Die Zeit links neben einer Zuweisung wird durch die steigende Flanke der Zuweisung gestartet. Damit diese Zeit ablaufen kann, muss die Zuweisung für diese Dauer ihren Wert beibehalten. Die betreffende Aktion wird nach Ablauf dieser Zeit ausgeführt.

So wird eine Ausschaltverzögerung realisiert:
Die Zeit rechts neben einer Zuweisung wird durch die fallende Flanke der Zuweisung gestartet. Während dieser Zeit wird die betreffende Aktion weiterhin ausgeführt.

So wird eine zeitbegrenzte Aktion realisiert:
Über dem komplette Ausdruck einer Einschaltverzögerung wird ein Negationsstrich angebracht.

2 Grundlagen der Norm GRAFCET DIN EN 60848
2.4 Ablaufstrukturen

2.4 Ablaufstrukturen

Selbst in einem linear ablaufenden GRAFCET können mehrere Schritte gleichzeitig aktiv sein. Zusätzlich gibt es in der Praxis oft den Fall, dass mehrere Schritte parallel ablaufen und gleichzeitig aktiv sind, man spricht von parallelen Ablaufketten bzw. von parallelen Verzweigungen. Darüber hinaus kann in einem GRAFCET ein Schritt übersprungen bzw. zu einem Schritt zurückgesprungen werden.
Diese drei verschiedenen Ablaufstrukturen werden nun vorgestellt.

2.4.1 Alternative Verzweigungen

Ein Ablauf kann sich in beliebig viele Alternativabläufe verzweigen. Für jede Alternative gibt es eine eigene Weiterschaltbedingung. Diese muss so eindeutig sein, dass mehrere Bedingungen nie gleichzeitig erfüllt sein dürfen.
Nach einer alternativen Verzweigung besitzt jeder nachfolgende Schritt **seine eigene Transition**.
Nachdem die einzelnen Alternativzweige mit **je einer eigenen** Transition abgeschlossen sind, führt eine **einfache Zusammenführung** direkt in den nächsten Schritt.

Um im GRAFCET (**Bild 1**) vom Schritt 7 in den Schritt 8 zu gelangen, muss **Rechtslauf gewählt** und darf **Linkslauf nicht gewählt** werden.

Nachdem das Förderband das rechte Bandende erreicht hat, wird der Rechtslauf über den Endschalter B5 beendet, die Steuerung geht in den Schritt 10 über.

Schritt 9 wurde somit nicht aktiviert.

Alternativ kann vom Schritt 7 der Schritt 9 gewählt werden, wenn **Linkslauf gewählt** und **Rechtslauf nicht gewählt** wird.

Nachdem das Förderband das linke Bandende erreicht hat, wird der Linkslauf über den Endschalter B6 beendet, die Steuerung geht in den Schritt 10 über.

Schritt 8 wurde somit nicht aktiviert.

Würden Rechtslauf und Linkslauf gleichzeitig gewählt, so würde die Steuerung im Schritt 7 bleiben, da keine der Transitionen erfüllt wäre.

Bild 1: Alternative Verzweigung

Die Grundregel „Schritt – Transition – Schritt – Transition – …" wurde somit beachtet.

Würde als Transition vor X8 nur „rechts" und vor X9 lediglich „links" stehen, würde eine gleichzeitige Betätigung von „rechts" und „links" (z. B. über zwei Taster) zu einem undefinierten Verhalten im GRAFCET führen. Würde die Drehrichtung jedoch über einem Wahlschalter vorgegeben, könnte man auf die negierten Transitionsbedingungen verzichten, da über den Hardwareaufbau ausgeschlossen wäre, dass Rechts- und Linkslauf gleichzeitig erfüllt wären. Der Ersteller eines GRAFCETs muss immer dafür sorgen, dass der GRAFCET widerspruchsfrei ist!

 Bei alternativen Verzweigungen erhält jeder Schritt seine eigene Transition, es gibt keine gemeinsame Transition.

2 Grundlagen der Norm GRAFCET DIN EN 60848
2.4 Ablaufstrukturen

2.4.2 Parallele Verzweigung

Die parallele Verzweigung wird verwendet, wenn mehrere Schritte gleichzeitig ablaufen sollen. Sie ist durch die Doppellinie (die seitlich leicht übersteht) gut von der alternativen Verzweigung zu unterscheiden. Unmittelbar vor und nach einer parallelen Verzweigung steht eine **gemeinsame** Transition. Auch dies unterscheidet die parallele Verzweigung von der alternativen Verzweigung, bei der jeder Schritt seine eigene Transition besitzt.

Bild 1: Die Steuerung befindet sich im Schritt 7, der Taster S1 wird betätigt.

S1 dient als **gemeinsame** Transition.

Nun werden die Schritte 8a und 8b gleichzeitig aktiv, die Steuerung befindet sich also **gleichzeitig in zwei Schritten**.

Die Transition **B7 wird erst dann freigegeben,** wenn die unmittelbar vor ihr liegenden Schritte (X10 und X8b) aktiv sind.

B7 dient als **gemeinsame** Transition.

Die Lampe „Band fährt" leuchtet also während des Rechts- und Linkslaufs.

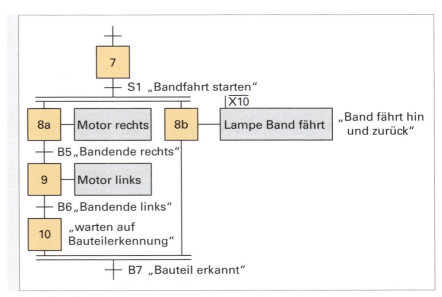

Bild 1: Parallele Verzweigung

Natürlich können durch einen parallelen Abzweig beliebig viele Schritte gleichzeitig aktiviert werden **(Bild 2)**:

Durch S1 werden die Schritte 7a-7d gleichzeitig aktiv.

S1 dient als **gemeinsame** Transition.

Auch hier ist es der Fall, dass die **gemeinsame** Transition „S2" erst dann freigegeben wird, nachdem alle unmittelbar vor ihr liegenden Schritte aktiv sind.

Sind die Schritte 10a-10d (es müssen zwingend **alle** aktiv sein) aktiv, so kann der parallele Ablauf durch S2 verlassen werden.

Die Schritte 10a bis 10d werden dadurch gleichzeitig deaktiviert.

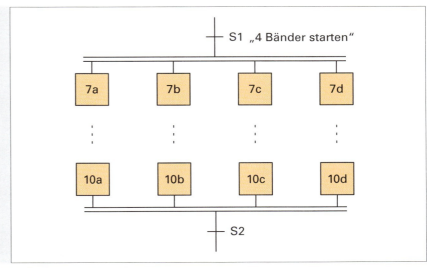

Bild 2: Parallele Mehrfach-Verzweigung

 Die parallele Ablaufkette wird durch zwei parallel verlaufende Linien gekennzeichnet, die seitlich leicht überstehen.
Es gibt eine **gemeinsame** Transition, die unmittelbar vor dem parallelen Abzweig steht.
Die einzelnen Ketten laufen völlig **unabhängig voneinander** ab.
Erst nachdem **alle** Teilketten abgelaufen sind (jeweils der letzte Schritt ist aktiv), schaltet eine **gemeinsame** Transition in den nächsten Schritt und führt so die parallelen Abläufe wieder zusammen.

2 Grundlagen der Norm GRAFCET DIN EN 60848
2.4 Ablaufstrukturen

2.4.3 Rückführungen und Sprünge

Rückführungen

Bild 1: Da sich in einer Schrittkette die Abläufe im Normalfall wiederholen, führt in solch einem Fall dann eine Linie vom Ende zurück zum Anfang, also von unten nach oben.

Die Richtung des Ablaufs ist somit dem üblichen Ablauf von oben nach unten entgegengesetzt und muss durch einen Richtungspfeil angezeigt werden.

Man kann eine Rückführung aber auch verwenden, um nur bestimmte Schritte mehrfach abzuarbeiten. So lassen sich auf einfache Art Programmschleifen darstellen.

In **Bild 2** ist zu sehen, dass nach dem Schritt 17 die Transition B4 wieder zurück in den Schritt 15 führt. Diese Schleife wird erst verlassen, wenn Schritt 17 aktiv ist und die Transition B1 erfüllt ist. Die zusätzlich angebrachte Transition $\overline{B1}$ stellt sicher, dass nicht gleichzeitig Schritt 15 und Schritt 18 aktiv werden könnten.

Damit ein GRAFCET gut lesbar ist, sollten Kreuzungen so gut wie möglich vermieden werden. Anstelle einer Rückführung (mit Programmschleife) mit Richtungspfeil kann ein Sprung verwendet werden. Dies hat den Vorteil, dass möglichst wenig Linien die Lesbarkeit des GRAFCETs verbessern. Beim Sprung muss das Ziel (Seite, Schrittnummer) angegeben werden. Beim Sprungziel wird die „Quelle" des Sprungs (Seite, Schrittnummer) angegeben.

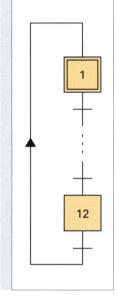

Bild 1: Rückführung mit Richtungspfeil

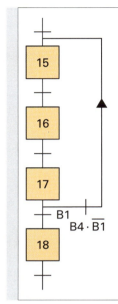

Bild 2: Programmschleife durch Rückführung

Sprünge

Sollte sich ein umfangreicher GRAFCET über mehrere Seiten erstrecken, so kann an den Nahtstellen zwischen zwei Seiten eine Art Vermerk geschrieben werden, der angibt, an welcher Stelle der GRAFCET auf der Folgeseite weitergeht.

Bild 3 zeigt das Blattende der ersten Seite eines GRAFCETs.

In **Bild 4** ist die Folgeseite des GRAFCETs dargestellt.

Beide Beschriftungen sind eindeutig. So ist jederzeit klar, wo genau die Schrittkette aus zeichnerischen Gründen unterbrochen wurde, bzw. wo sie weitergeht.

Es ist natürlich ebenso möglich, auf einer Seite zwei GRAFCET-Zweige nebeneinander zu zeichnen, um ein Umblättern zu vermeiden. Laut Norm ist die Beschriftung in Bild 4 (Schritt 12, Seite 1) nicht zwingend vorgeschrieben. Wenn sie jedoch die Lesbarkeit des GRACETS erhöht, kann sie angebracht werden.

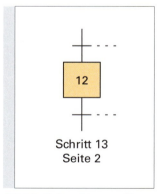

Bild 3: Seitenübergreifender GRAFCET, Ende der ersten Seite

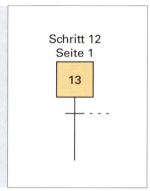

Bild 4: Seitenübergreifender GRAFCET, Anfang der zweiten Seite

2 Grundlagen der Norm GRAFCET DIN EN 60848
2.4 Ablaufstrukturen

Bild 1: Auch eine Rückführung kann (anstelle eines Pfeils) mit einem Sprung realisiert werden.

Eine Rückführung mit Pfeil wäre im **Bild 1** optisch evtl. sogar eleganter.

Bei einem **umfangreichen** GRAFCET ist die hier gezeigte Variante jedoch eine gute Möglichkeit, **Kreuzungen** von Wirkverbindungen **zu vermeiden**.

Kreuzungen sind zwar erlaubt, jedoch erschweren sie meist die Lesbarkeit eines GRAFCETs und **sollen** deshalb so gut wie möglich **vermieden werden**.

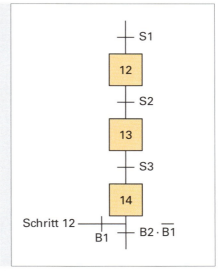
Bild 1: Rückführung durch Sprung

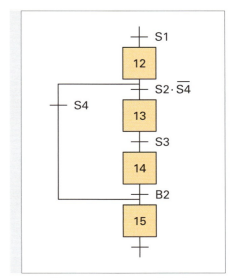
Bild 2: Überspringen von Schritten

In **Bild 2** ist zu sehen, wie man Teile der Schrittkette überspringen kann. Da **kein** richtungszeigender Pfeil eingezeichnet wurde, gilt nun wieder die **Wirkrichtung von oben nach unten**. Befindet sich die Steuerung in Schritt 12, kann durch die Transition S4 direkt zu Schritt 15 „gesprungen" werden, Schritt 13 und 14 werden somit nicht abgearbeitet.

2.4.4 Kommentare

Kommentare können an beliebige Stellen des GRAFCETs geschrieben werden.

Sie müssen in Anführungszeichen gesetzt werden.

Durch Kommentare sollen Lesbarkeit und Verständlichkeit des GRAFCETs verbessert werden.

Nicht immer ist der Verfasser des GRAFCETs verfügbar, was durch eine sorgfältige Kommentierung aufgefangen werden kann.

Nun haben Sie die wichtigsten Grundlagen zur GRAFCET-Norm kennengelernt.

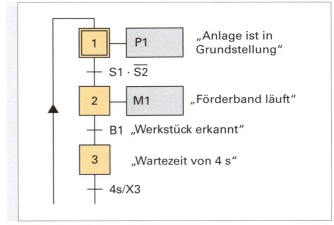
Bild 3: GRAFCET mit Kommentaren

Mit den bisher erarbeiteten Regeln lassen sich viele Steuerungsabläufe gut beschreiben. Das nachfolgende Kapitel 3 „Strukturierung von GRAFCETs, weiterführendes Wissen" sollte von Anwendern bearbeitet werden, die auch komplexere Anlagen durch einen GRAFCET beschreiben möchten.

2 Grundlagen der Norm GRAFCET DIN EN 60848
Notizen

Platz für Ihre Notizen:

3 Strukturierung von GRAFCETs, weiterführendes Wissen

In diesem Kapitel werden weiterführende Normvorgaben erläutert, die nötig sind, um komplexere Anlagen eindeutig und umfassend beschreiben zu können.

3.1 Aktion bei Auslösung

Bisher musste eine speichernd wirkende Aktion an einen Schritt geknüpft werden. Die **„Aktion bei Auslösung"** ist auch eine **speichernd wirkende Aktion**, jedoch wird sie nicht an einen Schritt, sondern **an eine Transition geknüpft**! Ein weiterer Unterschied zur „normalen" speichernd wirkenden Aktion ist der fehlende Pfeil nach oben bzw. nach unten am Aktionskästchen.

Die in **Bild 1** abgebildeten GRAFCETs sind in ihrer Funktion identisch.

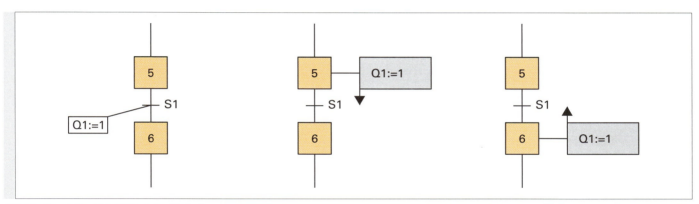

Bild 1: Speichernd wirkende Aktionen

Im linken GRAFCET wurde die Aktion bei Auslösung verwendet. Q1 wird genau dann speichernd wirkend auf 1 gesetzt, wenn die Transition S1 auslöst (d. h. freigegeben und erfüllt ist).

In den beiden anderen GRAFCETs wurde die speichernd wirkende Aktion bei Deaktivierung des Schrittes 5 bzw. Aktivierung der Schrittes 6 verwendet.

Bild 2 zeigt den einheitlichen Signalverlauf.

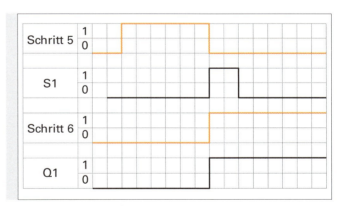

Bild 2: Signalverlauf zu Bild 1

> Im GRAFCET (**Bild 3**) wird Q1 speichernd auf 1 gesetzt, wenn S1 auslöst.
>
> Hier ist es nicht möglich, die gleiche Funktion durch eine speichernd wirkende Aktion bei
>
> - Deaktivierung von Schritt 5 oder bei
> - Aktivierung von Schritt 6
>
> zu erreichen.
>
> Grund: X5 könnte auch durch S3 deaktiviert werden, Q1 würde in diesem Fall nicht auf 1 gesetzt.
>
> X6 könnte durch S2 in Verbindung mit X7 aktiviert werden, auch dann würde Q1 nicht auf 1 gesetzt werden.

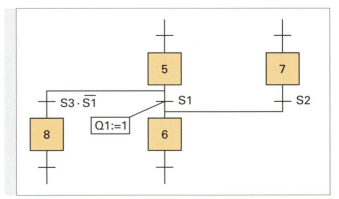

Bild 3: Aktion bei Auslösung

3 Strukturierung von GRAFCETs, weiterführendes Wissen
3.2 Einschließender Schritt

3.2 Einschließender Schritt

Einen einschließenden Schritt erkennt man an einem Schrittkästchen, das an den Ecken kurze, diagonale Striche besitzt.

Er enthält meist mehrere Schritte. Wird ein einschließender Schritt aktiv, so hat das zur Folge, dass die eingeschlossenen **Einschließungen** in diesem Moment aktiviert werden.

Innerhalb einer Einschließung befinden sich dann wiederum einzelne Schritte.

Die Nummer des einschließenden Schritts schreibt man an die Oberkante des Rahmens der Einschließung.

Der Name der Einschließung wird unten links im Rahmen angebracht.
Die einzelnen eingeschlossenen Schritte bilden somit wieder einen Teil-GRAFCET.

> **Bsp. 1:** Schritt 12 soll der einschließende Schritt sein. Die Einschließungen lauten G1, G2 und G3.

Das Sternsymbol * zeigt an, welcher Schritt beim Aufruf eines eingeschlossenen Schrittes zuerst aktiviert wird.

Bei Aktivierung des einschließenden Schrittes 12 werden im Teil-GRAFCET G1 die Schritte 1.1 und 14.1 aktiviert.

Bei Aktivierung des einschließenden Schrittes 12 wird im Teil-GRAFCET G2 der Schritt 1.2 aktiviert.

Bei Aktivierung des einschließenden Schrittes 12 wird im Teil-GRAFCET G3 der Schritt 3.3 aktiviert.

Die verschiedenen GRAFCETs innerhalb von G1, G2 und G3 laufen nun unabhängig voneinander nach ihren eigenen Regeln ab.

Wird die Transition „Sensor 2" erfüllt, so wird der einschließende Schritt 12 verlassen, die Einschließungen G1, G2 und G3 werden verlassen bzw. deaktiviert.

Beachten Sie die **Empfehlung** zur Wahl der Schrittnummerierung auf der folgenden Seite.

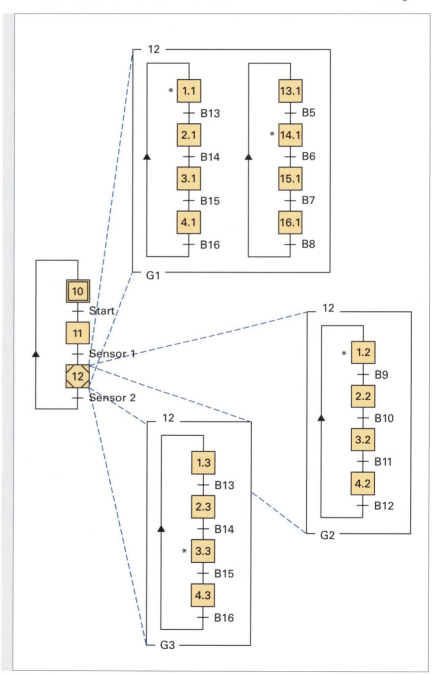

Bild 1: Einschließender Schritt mit drei Einschließungen

> **Hinweis:** Wurden in den Teil-GRAFCETs Aktionen speichernd wirkend gesetzt, so behalten diese ihren Wert auch, wenn der Teil-GRAFCET verlassen wurde.

3 Strukturierung von GRAFCETs, weiterführendes Wissen
3.2 Einschließender Schritt

Allgemeine Bezeichnung einer Einschließung:

Die Norm bietet die Möglichkeit eine **Einschließung textuell** zu beschreiben. Es gilt folgende Notation: **X*/G#**
X*: steht für den einschließenden Schritt,
/ steht für die Einschließung
G# steht für die eingeschlossenen Schritte.

Die **komplette Einschließung** in Bild 1 wird demnach durch **X1/G2** beschrieben.
X1 steht also für den einschließenden Schritt,
G2 für die eingeschlossenen Schritte.

Elementare Bezeichnung einer Einschließung:

Mit diesem textuellen Ausdruck kann angegeben werden, **dass** ein **bestimmter Schritt** von einem einschließenden Schritt **umschlossen wird**. Hierbei kann auf die Angabe der Einschließung verzichtet werden. Es gilt folgende Notation: **X*/X#**

X* steht für den einschließenden Schritt,
X# steht für den eingeschlossenen Schritt.

Man kann demnach **zum Ausdruck bringen, dass** Schritt 2.2 (**Bild 1**) von Schritt 1 eingeschlossen wird: **X1/X2.2**.
Im Vergleich zur allgemeinen Bezeichnung einer Einschließung bezieht man sich bei der elementaren Bezeichnung einer Einschließung also auf einen **einzelnen** Schritt.

Auf der Seite 48 (**Bild 1**) wird Schritt 15.2 vom einschließenden Schritt 4.1 umschlossen. Schritt 4.1 wird aber wiederum vom einschließenden Schritt 12 umschlossen. Auch diese Konstellation kann durch die Mittel einer „elementaren Bezeichnung einer Einschließung" beschrieben werden:
X12/X4.1/X15.2
Von welchen Teil-GRAFCETs die einzelnen Schritte umschlossen werden, geht aus dieser Schreibweise nicht hervor.

Bedeutung für die Praxis
Um einen praxistauglichen Umgang mit den Schrittvariablen von einschließenden Schritten zu gewährleisten, wird folgende Empfehlung ausgesprochen:
Die Schrittvariablen innerhalb einer Einschließung werden nach einem **einheitlichen Muster** nummeriert: X*.**
Wobei * fortlaufend sein kann und ** für die Nummer der Einschließung steht. Diese Logik wurde im **Bild 1** verwendet. Alternativ dazu kann die Nummerierung aber auch nach umgekehrtem Muster verlaufen: X**.*
Der passende Teil-GRAFCET für diese Logik ist in **Bild 2** zu sehen.
Gleichgültig, welche Variante der Beschriftungsregel verwendet wird, ist es somit immer sichergestellt, dass **jeder Schritt** innerhalb einer Anlage eine **einmalige** Schrittnummer erhält. Ebenso ist eine einfache (nachträgliche) Erweiterung durch Hinzufügen von Schritten immer möglich.
Zusätzlich erkennt man an der Schrittvariablen selbst, wo bzw. **in welchem Teil-GRAFCET** sich der Schritt befindet. Man kann der Variablen selbst zwar nicht entnehmen, von welchem Schritt sie eingeschlossen wird. Die Vorteile der hier empfohlenen Schrittnummerierung überwiegen jedoch diesen Nachteil.

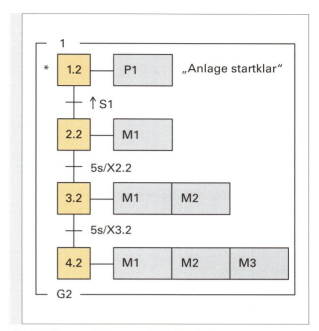

Bild 1: Eingeschlossener Teil-Grafcet

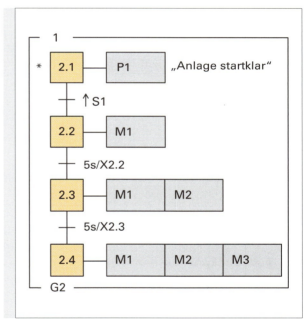

Bild 2: Schrittvariablen nach dem Muster X**.* nummeriert

3 Strukturierung von GRAFCETs, weiterführendes Wissen
3.2 Einschließender Schritt

Bsp. 2: Innerhalb eines Teil-GRAFCETs kann wiederum ein einschließender Schritt (hier Schritt 4.1) stehen. Der Teil-GRAFCET G2 ist von Schritt 4 im Teil-GRAFCET G1 umschlossen **(Bild 1)**.

Aktivierung:

Durch Aktivierung von Schritt 12 wird Teil-GRAFCET G1 aktiviert. Dieser läuft nach seinen eigenen Regeln ab.
Wird der einschließende Schritt 4.1 aktiviert, dann wird auch Schritt 13 im Teil-GRAFCET G2 aktiviert.

Deaktivierung:

Die **Deaktivierung** von **Schritt 4.1** deaktiviert **alle Schritte von G2**.
Die **Deaktivierung** von **Schritt 12** deaktiviert **alle Schritte von G1**.
Dies bedeutet, dass **sofern** Schritt 4.1 **aktiv war**, alle Schritte von G2 dadurch ebenfalls deaktiviert werden.

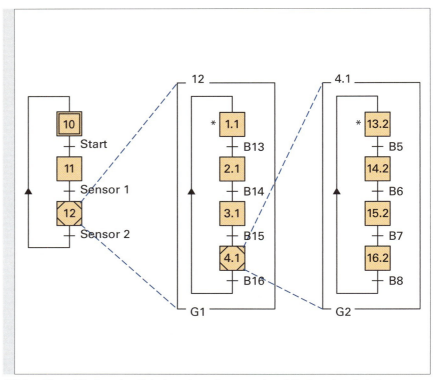

Bild 1: Einschließender Schritt mit weiterem einschließenden Schritt

Hinweis: Die **gestrichelten Linien** sind **nicht normgerecht** und werden deshalb auch **nicht** in einen GRAFCET eingezeichnet! Diese Darstellung soll an dieser Stelle den Ablauf des GRAFCET verdeutlichen.

Anwendung eines einschließenden Schrittes am Beispiel einer Steuerung von drei Motoren

Bsp. 1: Einschließende Schritte können beispielsweise zur Realisierung einer Betriebsartenwahl verwendet werden.

Drei Motoren (M1, M2 und M3) sollen nur nacheinander zuschaltbar sein.
Über einen Wahlschalter S0 kann die Anlage ein- bzw. ausgeschaltet werden.
Der Bediener kann mit dem Wahlschalter S4 zwischen Automatikmodus und Handmodus wählen.
Ein Umschalten zwischen Automatik- und Handmodus soll **jederzeit** möglich sein.

Wahlschalter	Taster	Lampen	Motoren
$\overline{S0}$: AUS	S1 : Start Motor 1	P1 : Anlage startklar	M1 : Motor 1
S0 : EIN	S2 : Start Motor 2	P2 : Automatik gewählt	M2 : Motor 2
	S3 : Start Motor 3	P3 : Hand gewählt	M3 : Motor 3
$\overline{S4}$: hand			
S4 : automatik			

Automatikmodus:
Mit S1 wird Motor1 eingeschaltet, im 5-s-Takt werden Motor 2 und danach Motor 3 hinzugeschaltet.

Handmodus:
Mit S1 wird Motor1 eingeschaltet, danach wird durch Betätigung von S2 Motor 2 zugeschaltet. Abschließend wird durch Betätigung von S3 Motor 3 hinzugeschaltet.

3 Strukturierung von GRAFCETs, weiterführendes Wissen
3.2 Einschließender Schritt

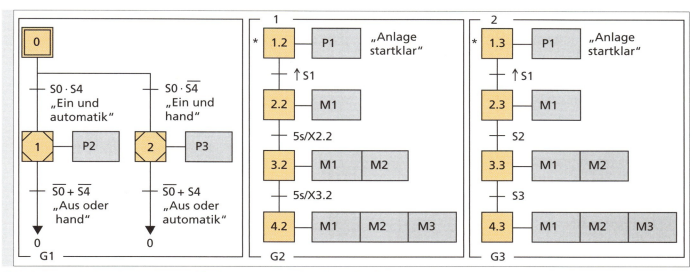

Bild 1: Einschließende Schritte zur Realisierung verschiedener Betriebsarten

Schritt 0 ist aktiv, nun wird die Anlage eingeschaltet und durch **S4 Automatik gewählt** → Schritt 1 in G1 wird aktiv, X1.2 wird aktiviert → GRAFCET in G2 kann frei ablaufen, die Steuerung befindet sich im Automatikbetrieb. Entsprechend werden im 5-s-Takt die Motoren eingeschaltet. Im Schritt 4.2 sind alle drei Motoren aktiv.

Zusätzlich wird durch Schritt 1 die Lampe P2 „Automatik gewählt" eingeschaltet.

Wählt der Bediener nun den Handbetrieb, so löst die Transition nach Schritt 1 aus → Schritt 0 wird (virtuell) aktiviert → Schritt 2 in G1 wird aktiv. Nun läuft der GRAFCET in G3 frei nach seinen eigenen Regeln. Die Anlage befindet sich nun also im Handmodus.

Zusätzlich wird durch Schritt 2 die Lampe P3 „Hand gewählt" eingeschaltet.

Bei Betätigung von „Aus" gelangt die Steuerung von Schritt 1 bzw. Schritt 2 direkt in den Schritt 0. Alle Motoren und Signallampen sind somit deaktiviert.

 Ein einschließender Schritt besitzt alle Eigenschaften eines Schrittes!
So kann einem einschließenden Schritt z. B. eine Aktion zugeordnet werden.
Eine Einschließung kann jedoch immer nur **zu einem** einschließender Schritt, niemals jedoch zu mehreren einschließenden Schritten gehören!
Der einschließende Schritt selbst kann jedoch **mehrere Einschließungen** besitzen!

Ein einschließender Schritt als Anfangsschritt

Es kann vorkommen, dass eine Anlage einen einschließenden Schritt besitzt, der selbst als Initialschritt gekennzeichnet ist.

In **Bild 1** auf der Seite 50 ist ein entsprechender GRAFCET abgebildet. Um den korrekten Ablauf dieser Anlage verstehen zu können, ist es wichtig, zwischen **zwei Situationen zu unterscheiden**:

Die **Anfangssituation** ist von den **Folgesituationen** abzugrenzen.

Die Anfangssituation beschreibt eine aktive Situation, die für jede Anlage eigens definiert werden muss. Der Anlagenentwickler bestimmt diese Situation selbst.

3 Strukturierung von GRAFCETs, weiterführendes Wissen
3.3 Makroschritt

Anfangssituation

In G2 erkennt man, dass Schritt 2.2 aktiv sein muss, denn es wurde das Symbol für einen Initialschritt verwendet.
In G3 wurde für Schritt 3.3 ebenfalls das Symbol des Initialschrittes verwendet, also ist auch dieser Schritt in der Anfangssituation aktiv.
Aus den Überlegungen für G2 und G3 folgt, dass auch der einschließende Schritt 2.1 notgedrungen ein Initialschritt sein muss, denn X2.2 und X3.3 können nicht aktiv sein, wenn X2.1 nicht ebenfalls aktiv ist!
In der Anfangssituation sind also folgende Schrittvariablen gesetzt: X2.1, X2.2 und X3.3!
Die Teil-GRAFCETs in G2 und G3 laufen nun nach ihren eigenen Regeln ab, die Anfangssituation wurde verlassen.

Anmerkung: Das Symbol „*" spielt bisher keine Rolle.

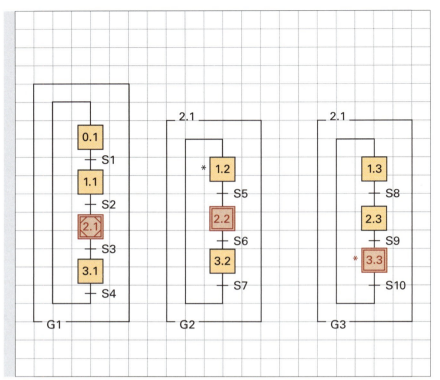

Bild 1: Einschließender Schritt als Initialschritt

Folgesituation

Löst die Transition S3 in G1 aus, so wird der einschließende Schritt 2.1 deaktiviert, die Einschließungen G2 und G3 werden dadurch ebenfalls deaktiviert.

Wird G1 nun durchlaufen (X3.1 ..., X0.1 ..., X1.1 ...), so dass der **einschließende Schritt 2.1 erneut** aktiv wird, so führt diese Aktivierung nun dazu, dass in G2 der Schritt 1.2 und in G3 der Schritt 3.3 aktiviert werden. Denn diese beiden Schritte wurden mit einem * gekennzeichnet.

Für alle weiteren Aktivierungen von X2.1 werden immer wieder die Schritte, welche mit einem * gekennzeichnet wurden, aktiviert.

3.3 Makroschritt

Einen Makroschritt erkennt man am Schrittkästchen, das oben und unten eine zusätzliche waagerechte Linie besitzt. Auch der Makroschritt erhält eine Schrittbezeichnung (oft als Nummer realisiert), wobei **vor der Schrittbezeichnung** der **Buchstabe „M"** stehen muss.

Ein Makroschritt kann dazu verwendet werden, einen GRAFCET **übersichtlicher darzustellen**. So können mehrere kleine Schritte zu einem einzigen Makroschritt zusammengefasst werden, der somit als „Stellvertreter" von vielen kleinen Schritten zu sehen ist.

Während der **Planung von Anlagen** können Makroschritte aber auch dazu dienen, vorab einen groben Steuerungsablauf festzulegen, um im späteren Verlauf alle (vorab unbekannten) notwendigen Details hinzufügen zu können.

Als Makroschritt wäre beispielsweise ein Schritt „Förderband Testfahrt" denkbar. Die vielen Einzelschritte und Transitionen, die dazu führen, dass das Förderband ein Werkstück befördert, würde man bei der alleinigen Betrachtung des Makroschrittes nicht sehen.

Ein Makroschritt **unterscheidet sich vom einschließenden Schritt** dadurch, dass er **nur verlassen** werden kann, **wenn** sein Inhalt **komplett abgearbeitet** wurde. Der einschließende Schritt hingegen kann einfach durch Auslösung **seiner eigenen (ihm direkt folgenden)** Transition deaktiviert werden. (Siehe Kapitel 3.2)

 Ein Makroschritt ist von einem einschließenden Schritt unbedingt zu unterscheiden!
Außerdem besitzt ein Makroschritt nicht alle Eigenschaften, die andere Schritte besitzen!

3 Strukturierung von GRAFCETs, weiterführendes Wissen
3.3 Makroschritt

Bsp. 1: Die Schritte E2, 19, 20 und S2 werden durch den Makroschritt M2 dargestellt (**Bild 1**).

Ist die Transition B1 erfüllt, so wird der **Eingangsschritt E2** des Makroschritts M2 aktiviert.

Der **Eingangsschritt** des GRAFCET wird immer mit **E** *("Entree")*,

der **Ausgangsschritt** immer mit **S** *("Sortie")* bezeichnet.

Den Buchstaben E und S folgt **immer die Bezeichnung des Makroschrittes.**

Nun erfolgt die komplette Abarbeitung der einzelnen Schritte E2, 19, 20 und S2.

Erst wenn der **Ausgangsschritt S2 aktiv** ist, wird die Transition B2 **freigegeben**.

Ist jetzt die Transition B2 erfüllt, so löst diese aus. Das führt zur **Inaktivität des Schrittes S2**.
Die Steuerung geht in den Schritt 22 über, der Makroschritt M2 wurde somit deaktiviert.

Bild 1: Makroschritt M2

Was passiert, wenn Schritt 19 aktiv ist, und nun die Transition B2 erfüllt ist?

Der Makroschritt M2 wird nicht deaktiviert, da die Transition B2 zwar erfüllt, aber **noch nicht freigegeben** ist. Erst wenn die Transition **auslöst** (d.h., wenn sie freigegeben **und** erfüllt ist), aktiviert dies Schritt 22 und deaktiviert Schritt M2.
Zwischen Eingangs (E)- und Ausgangsschritt (S) kann die Nummerierung von der Makroschrittbezeichnung abweichen (wie im Beispiel zu sehen ist).
Der Makroschritt M2 wird dann als aktiv bezeichnet, wenn mindestens einer seiner Schritte (hier also E2, 19, 20 oder S2) aktiv ist. Somit hat dann die Variable XM2 den Wert 1. Sonst hat sie den Wert 0.
Natürlich können auch die Einzelschritte innerhalb eines Makroschrittes wiederum mehrere Makroschritte enthalten. So sind z.B. auch parallele Strukturen oder ähnliches denkbar.

 Ein Makroschritt dient nur als "optischer Platzhalter"!
Ein Makroschritt beschreibt eine Steuerung nur "grob", die Feinheiten "verstecken" sich hinter einem Makroschritt.
Es lässt sich so beispielsweise ein "grober" GRAFCET erstellen, auch wenn noch nicht alle Details einer Anlage bekannt sind.
Makroschritte verbessern so die Lesbarkeit von umfangreichen GRAFCETs.
Der erste Schritt wird mit "E" und der letzte mit "S" bezeichnet.
Die Bezeichnung des Makroschrittes wird den Buchstaben M hinten angestellt.
Die Schritte E und S sind, abgesehen von der Nummerierung, als "ganz normale" Schritte anzusehen, d.h., sie können Aktionen ausführen.

Hinweis: Genau wie beim einschließenden Schritt sind auch hier die **gestrichelten Linien nicht normgerecht** und werden deshalb auch **nicht** in einen GRAFCET eingezeichnet!
Sie sollen nur die Funktion des Makroschrittes verdeutlichen.

Am Beispiel auf der Seite 52 soll der Charakter des Makroschrittes weiter verdeutlicht werden. Es folgt eine Betrachtung vom bestehenden Makroschritt hin zur Expansion des Makroschrittes. Wobei abschließend gezeigt wird, dass es zwei verschiedene Vorgehensweisen gibt, mit einem Makroschritt zu arbeiten.

3 Strukturierung von GRAFCETs, weiterführendes Wissen
3.3 Makroschritt

Bsp. 1: Ein Makroschritt kann dazu verwendet werden, einen Ablauf grob darzustellen. Wenn nötig, kann durch die Betrachtung der Expansion des Makroschrittes die Funktion der Anlage trotzdem jederzeit im Detail nachvollzogen werden.

An einer Waschmaschine startet der Waschvorgang, nachdem Taster S1 gedrückt und die Ladeklappe (Türe) geschlossen wurde (B1). Nun wird Wasser (inkl. Waschmittel) eingelassen. Ist genügend Wasser vorhanden, beginnt der Waschvorgang („Reinigungsphase"), der vorerst nicht im Detail betrachtet werden soll.

Ist der Reinigungsvorgang beendet, wird das Wasser abgepumt, bis die Waschmaschine restlos entleert ist. Erst 18 Sekunden, nachdem die Waschmaschine restlos entleert wurde, wird die Verriegelung freigegeben.

Der Makroschritt wurde an die Stelle des (unbekannten) Reinigungsvorgangs geschrieben.

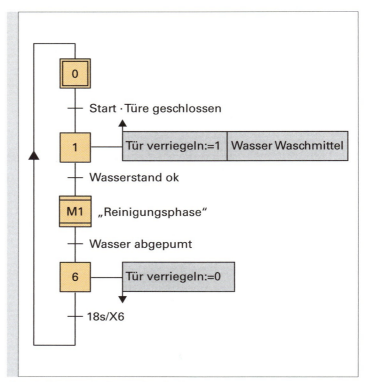

Bild 1: Makroschritt als Platzhalter

Der Reinigungsvorgang wird **nun als Expansion** des Makroschrittes dargestellt (**Bild 2**).
Nun existieren zwei GRAFCETs, die eindeutig beschriftet sind und alle Funktionen der Anlage wiedergeben.
Bei Bedarf kann **zusätzlich auf die Expansion** zurückgegriffen werden, um **alle Details der Anlagenfunktion** zu erfassen (**Bild 2**).
Möchte man sich aber „nur" einen **schnellen Überblick** über die Funktion der Anlage verschaffen, genügt die **alleinige Betrachtung** des GRAFCETs **mit dem Makroschritt (Bild 1)**.

Man erkennt, der Makroschritt bietet eine Lösung für zwei verschiedene Problemstellungen:
1. Man kann die Funktion einer Anlage durch einen GRAFCET abbilden, obwohl noch nicht alle Details der Funktion bekannt sind.
   Dies kann während der Planungsphase einer Anlage sehr hilfreich sein. Durch Platzierung von Makroschritten können auch vorab bekannte Schnittstellen (Transitionen) innerhalb einer Anlage verwendet werden. So kann eine grob konzipierte Anlage arbeitsteilig durch mehrere Teams weiterentwickelt werden.
   Alle Teammitglieder beachten die vorab festgelegten Schnittstellen zwischen den Makroschritten.

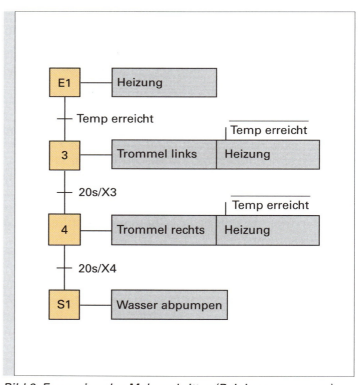

Bild 2: Expansion des Makroschrittes (Reinigungsvorgang)

Ein späteres Zusammenfügen der einzelnen Arbeitsergebnisse zur kompletten Ablaufbeschreibung ist somit leicht möglich.
2. Man kann aber auch eine (bestehende) komplizierte Anlage vereinfacht darstellen, indem man einen bestehenden GRAFCET zu mehreren Makroschritten „bündelt". Welche Einzelschritte zu einem Makroschritt zusammengefasst werden, kann der Ersteller frei wählen. Idealerweise passen die Einzelschritte thematisch zusammmen. Eine aussagekräftige Kommentierung der Makroschritte fördert eine gute Übersicht.

3 Strukturierung von GRAFCETs, weiterführendes Wissen
3.3 Makroschritt

Die hier gewählte Schrittnummerierung innerhalb der Expansion (E1, 3, 4, S1) wird deutlich, wenn der komplette GRAFCET ohne Makroschritt gezeichnet wird (**Bild 1**).

Die gestrichelt gezeichnete Umrandung ist nicht normgerecht, sie soll lediglich die Position des Makroschrittes andeuten.

In diesem Beispiel wurde zuerst der komplette Steuerungsablauf durch einen kompletten GRAFCET beschrieben. **Erst danach** wurde der **Makroschritt** geschaffen, um die Anlage **übersichtlicher** darzustellen.

Deshalb folgt innerhalb der Expansion nach dem Schritt E1 der Schritt 3, denn der Schritt E1 steht für Schritt 2 mit der Aktion „Heizung".

Auf Schritt 4 folgt innerhalb der Expansion Schritt S1, da Schritt S1 für Schritt 5 mit der Aktion „Wasser_abpumpen" steht.

Hinweis: Ein Ausschalten des Waschvorgangs während des Betriebs wurde in diesem Beispiel nicht berücksichtigt.

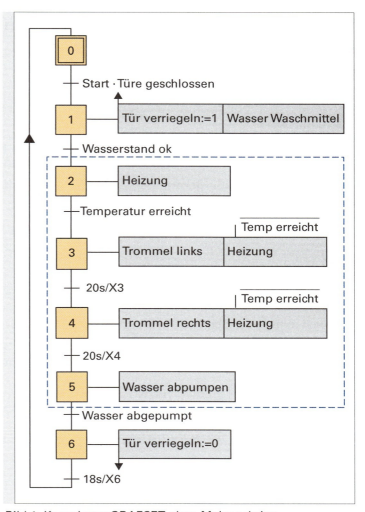

Bild 1: Kompletter GRAFCET ohne Makroschritte

 Übersichtlichkeit erhöhen
Ein Makroschritt dient nur als „optischer Platzhalter"!
Ein Makroschritt beschreibt eine Steuerung nur „grob", die Feinheiten „verstecken" sich hinter einem Makroschritt, man spricht dann von der Expansion des Makroschrittes.
Innerhalb einer Expansion stehen die Details, für die der Makroschritt stellvertretend agiert.
Makroschritte verbessern so die Lesbarkeit von umfangreichen GRAFCETs.

Planungsphase unterstützen
Während der Planungsphase einer Anlage lässt sich so beispielsweise ein „grober" GRAFCET erstellen, auch wenn noch nicht alle Details einer Anlage bekannt sind.
Der erste Schritt innerhalb einer Expansion wird mit „E" und der letzte mit „S" bezeichnet.
Die Nummer des Makroschrittes wird den Buchstaben „E" und „S" hinten angestellt.
Die Schritte „E" und „S" sind, abgesehen von der Nummerierung, als „ganz normale" Schritte anzusehen, d. h., sie können Aktionen ausführen.

3 Strukturierung von GRAFCETs, weiterführendes Wissen
3.4 Zwangssteuernde Befehle

3.4 Zwangssteuernde Befehle

Will man einen GRAFCET strukturieren, wird er meist in unterschiedliche Teile aufgeteilt. Hierbei können bewusst Hierarchien erzeugt werden. Die einzelnen Teile (Teil-GRAFCETs) werden benannt, indem man ein „G" schreibt und danach die Bezeichnung bzw. Nummer des betreffenden GRAFCETs anfügt.

Verwendet man nun **zwangssteuernde Befehle**, so ergeben sich GRAFCETs, die zueinander nicht mehr gleichberechtigt sind.

Der **zwangssteuernde Befehl** ist am **Kästchen (ähnlich einem Aktionskästchen) mit Doppellinie** erkennbar. In **geschweifter Klammer** stehen Schritte, die **zwangsweise aktiviert** werden bzw. Befehle, die ausgeführt werden.

Hierbei steuert ein **übergeordneter** GRAFCET einen **untergeordneten** GRAFCET mit sog. **Zwangsbefehlen**. Es existieren vier verschiedene Zwangsbefehle:

Zwangsbefehl 1: Aktivierung eines beliebigen Schrittes

Bild 1: Wenn Schritt 5 aktiv ist, wird im Teil-GRAFCET 4 der Schritt 100 aktiviert.

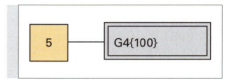

Bild 1: Zwangssteuernder Befehl

G4 kann sich nicht verändern, solange der Schritt 5 aktiv ist – Schritt 100 in G4 ist aktiv, aber Schritt 101 kann nicht erreicht werden.

Erst wenn Schritt 5 deaktiviert wird (z.B. Übergang in Schritt 6), sind die Weiterschaltbedingungen in G4 freigegeben, der Schritt 101 kann somit erreicht werden. Der GRAFCET G4 kann nun nach seinen eigenen Regeln weiter ablaufen.

In einer Struktur mit Parallelverzweigung können auch mehrere Schritte zwangsweise gesetzt werden. Diese werden dann hintereinander geschrieben. (z.B.: G4 {100, 120, 130})

Zwangsbefehl 2: Initialisierung eines GRAFCETs

Bild 2: Wird Schritt 6 aktiv, so wird Teil-GRAFCET G4 initialisiert. Dies bedeutet, seine Initialschritte werden aktiviert, alle anderen Schritte im Teil-GRAFCET 4 werden deaktiviert.

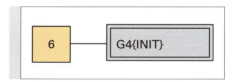

Bild 2: Zwangssteuernder Befehl

Sind in „G4" an den Schritt „INIT" Aktionen gebunden, so werden diese ausgeführt.

Zwangsbefehl 3: Deaktivierung eines GRAFCETs

Bild 3: Wird Schritt 7 aktiv, so wird im Teil-GRAFCET 4 KEIN Schritt aktiviert.

Dies bedeutet jedoch, dass **alle Schritte im Teil-GRAFCET 4 deaktiviert** werden.

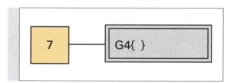

Bild 3: Zwangssteuernder Befehl

In G4 ist also nahezu keine Aktion möglich → alle **gespeicherten Aktionen** in G4 **behalten** jedoch **ihren Wert**. Wird **Schritt 7 deaktiviert**, so passiert in **G4** überhaupt nichts, er **bleibt komplett deaktiviert**. Soll er wieder aktiviert werden, so benötigt man eine Aktion wie im **Bild 1** bzw. in **Bild 2**.

Zwangsbefehl 4: Einfrieren eines GRAFCETs

Bild 4: Wird Schritt 8 aktiv, so wird Teil-GRAFCET 4 in seiner **aktuellen Situation** festgehalten (eingefroren).

In der geschweiften Klammer steht ein Sternchen.

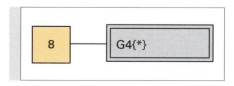

Bild 4: Zwangssteuernder Befehl

Etwaige Aktionen im GRAFCET 4 werden jedoch unter Umständen weiterhin ausgeführt, wenn sie zum Zeitpunkt der Einfrierung aktiv waren.

3 Strukturierung von GRAFCETs, weiterführendes Wissen
3.4 Zwangssteuernde Befehle

Wird Schritt 8 deaktiviert, so wird der Einfrierbefehl beendet. Man könnte sich vorstellen, der GRAFCET 4 taut jetzt auf. Somit läuft G4 einfach von seiner ursprünglichen Stelle (an der er eingefroren wurde) aus weiter.

 Weitere allgemeingültige Hinweise zur Zwangssteuerung:
Der zwangssteuernde Befehl kann **nicht** mit einer weiteren Bedingung (z. B. B2=1) verknüpft werden!
Ein zwangsgesteuerter GRAFCET kann sich während der Dauer des zwangssteuernden Befehls nicht verändern, da die Weiterschaltbedingungen nicht freigegeben sind (Aktionen bleiben aber sehr wohl aktiv, da der Schritt selbst aktiv bleibt).
Der GRAFCET, welcher den zwangssteuernden Befehl „erteilt", hat einen höheren Stellenwert als der GRAFCET, der den Befehl „empfängt".

Zum besseren Verständnis folgen nun konkrete Beispiele für die Strukturierung von GRAFCETs.

Zwangssteuerung – mit AUS-Funktion

Bsp. 1: Der in **Bild 1** dargestellte GRAFCET G2 soll mit dem Wahlschalter S0 (Anlage EIN/AUS) abschaltbar sein, d. h., nach Betätigung von S0 sollen alle Aktionen im GRAFCET G2 deaktiviert werden. Der AUS-Befehl wird durch eine Zwangssteuerung realisiert.

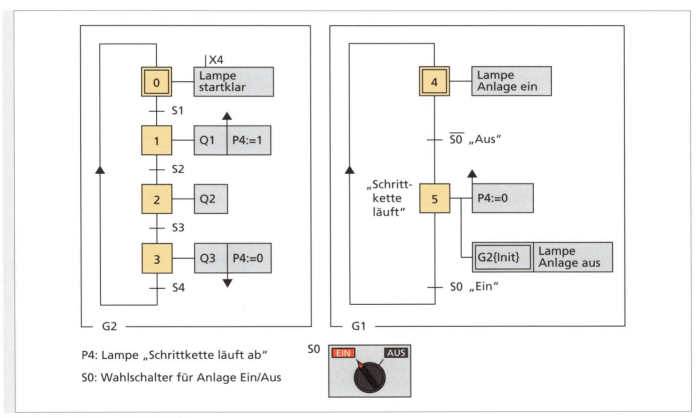

Bild 1: Zwangssteuernder Befehl

In der Anfangssituation sind die **Schritte 0 und 4** aktiv, da diese als **Initialschritte** gekennzeichnet sind. Der Wahlschalter S0 steht auf „EIN": In G1 leuchtet die Lampe „Anlage ein" und in G2 die Lampe „startklar".

Solange der Wahlschalter S0 auf „EIN" steht, kann mit den Tastern S1, S2, S3 und S4 der GRAFCET G2 wie gewohnt abgearbeitet werden.

3 Strukturierung von GRAFCETs, weiterführendes Wissen
3.4 Zwangssteuernde Befehle

Sobald der Wahlschalter S0 ein Nullsignal liefert (hier wurde berücksichtigt, dass der Aus-Befehl mittels eines Öffnerkontaktes realisiert wird), befindet sich der zwangssteuernde GRAFCET G1 im Schritt 5. Deshalb wird der zwangsgesteuerte GRAFCET G2 in den Schritt 0 gezwungen (denn dieser ist als Initialisierungsschritt gekennzeichnet). Somit werden in G2 folgende Aktionen deaktiviert: Q1, Q2 und Q3.

Auch P4 wird deaktiviert, jedoch geschieht dies direkt im Schritt 5.

Schritt 5 ist auch dafür verantwortlich, dass nun die Lampe „Anlage aus" leuchtet.

Der GRAFCET G2 wird zwangsgesteuert, solange Schritt 5 aktiv bleibt.

Dies hat zur Folge, dass sich G2 im Schritt 0 befindet und seine Transitionen nicht freigegeben sind, d.h., er kann sich nicht verändern.

Die Aktionen Q1, Q2 und Q3 sind deaktiviert, weil die zugehörigen Schritte inaktiv sind. Die Lampe P4 „Schrittkette läuft ab" ist unter Umständen jedoch noch aktiv, da dieses Signal speichernd wirkend gezeichnet wurde. Aus diesem Grund muss diese Lampe durch Schritt 5 extra auf null gesetzt werden.

Wird der Wahlschalter S0 wieder auf Stellung „Ein" umgeschaltet (Schließerkontakt für EIN-Befehl), so geht G1 vom Schritt 5 in den Schritt 4 über, die Zwangssteuerung ist beendet und die Transitionen in G2 sind wieder freigegeben.

G2 kann wieder abgearbeitet werden.

Die Lampe „startklar":

Sie darf nur dann leuchten, wenn G2 im Schritt 0 ist, und G2 auch wirklich startklar ist, d.h. seine Transitionen freigegeben sind.

Dies wäre aber nicht der Fall, wenn G2 von Schritt 5 in den Initialschritt gezwungen würde.
Deshalb wurde an die Aktion „Lampe startklar" noch die Zuweisungsbedingung X4 angebracht.

In diesem Beispiel wird der GRAFCET G2 vom GRAFCET G1 zwangsgesteuert. G1 ist also in der Hierarchie eine Ebene über G2 angesiedelt.

Die Funktion des GRAFCETs kann man natürlich auch ohne eine Zwangssteuerung abbilden. Wenn dann aber noch Funktionen wie Automatikmodus oder Einrichtbetrieb hinzukommen, bietet eine Unterteilung mit zwangssteuernden Befehlen eine gute Alternative, um einen überschaubaren GRAFCET erstellen zu können.

Anmerkung: Die Signallampen in G1 und G2 wurden nach unterschiedlichen Logiken bezeichnet. So hat die Variable „Lampe startklar" den Vorteil, dass dem Betrachter sofort klar ist, welche Funktion die Signallampe besitzt. Die Variable P4 liefert keinerlei Zusatzinformationen, da es sich nur um die Betriebsmittelkennzeichnung handelt. Dieses Beispiel soll zeigen, dass beide Varianten möglich sind.

 Ein Teil-GRAFCET besitzt ebenfalls eine Variable.
XG1 = Variable des Teil-GRAFCETs G1.
XG2 = Variable des Teil-GRAFCET G2.
Die Variable XG... ist dann „true", wenn mindestens ein Schritt des entsprechenden GRAFCET aktiv ist.

Im Kapitel 5 „Aufgaben" finden Sie weitere Beispiele zum Thema Zwangssteuerung.

3 Strukturierung von GRAFCETs, weiterführendes Wissen
3.4 Zwangssteuernde Befehle

Bsp. 1: Eine Pneumatikpresse (**Bild 1**) darf nur dann ein Bauteil pressen, wenn das Schutzgitter geschlossen wurde, der Wahlschalter auf „Ein" (S1) gestellt wurde und der NOT-Aus nicht betätigt wurde ($\overline{S0}$).

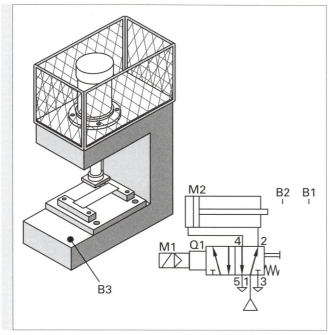

Bild 1: Pneumatikpresse

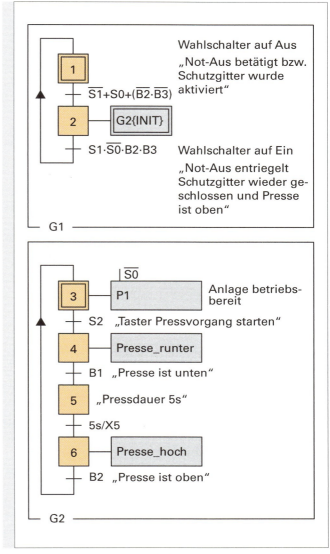

Bild 2: Zwangssteuernder Befehl

Funktionsbeschreibung:

Bild 2: Man erkennt die beiden Initialschritte 1 im G1 und 3 in G2. Dies bedeutet, dass im Einschaltaugenblick im G1 die Schritte 1 und im G2 der Schritt 3 gleichzeitig aktiv sind.

Was passiert im „normalen" Ablauf?

Im Normalfall ist im G1 die Transition zum Schritt 2 nicht erfüllt, denn der Wahlschalter S1 steht auf „Ein", der NOT-Aus S0 wurde nicht betätigt und das Schutzgitter wurde nicht geöffnet, während die Presse das Bauteil presst, der Stößel also unten ist.

Somit verbleibt im G1 der GRAFCET im Schritt 1.

Im G2 läuft der dargestellte GRAFCET gleichzeitig „ganz normal" ab, d. h., der Presszyklus kann durch Betätigung des Tasters S2 immer wieder gestartet werden.

Was passiert im Fehlerfall?

Wird beispielsweise der NOT-Aus betätigt (S0), oder aber der Wahlschalter S1 von „Ein" nach „Aus" geschaltet ($\overline{S1}$), so ist im G1 die Transition zum Schritt 2 erfüllt. Das gleiche Verhalten stellt sich natürlich ein, wenn das Gitter geöffnet wurde (B3 liefert ein Nullsignal), während die Presse herunterfährt.

G1 wechselt also von Schritt 1 nach Schritt 2, dies hat zur Folge, dass der GRAFCET G2 zwangsgesteuert wird.

G2 wird in den Initialschritt gezwungen und verharrt dort, solange im G1 der zwangssteuernde Befehl ausgeführt wird (also solange im G1 der Schritt 2 aktiv ist).

Man könnte meinen, dass dies für die Presse bedeutet, dass nur noch die Aktion Lampe P1 „Anlage bereit" ausgeführt wird, da ja diese Aktion an den Schritt 3 gebunden ist. Bei genauerer Betrachtung fällt jedoch auf, dass die Lampe erst dann wieder leuchtet, wenn der NOT-Aus nicht betätigt ist, also entriegelt wurde. Die Anlage steht also, nach Betätigung des NOT-Aus, still.

3 Strukturierung von GRAFCETs, weiterführendes Wissen
3.4 Zwangssteuernde Befehle

Soll die Presse aber im Fehlerfall nicht besser aus Sicherheitsgründen automatisch nach oben fahren?

Im NOT-Aus-Fall vielleicht ja, nicht aber, nachdem der Wahlschalter auf „Aus" gestellt wurde!

Wenn man dies möchte, so verknüpft man diese Aktion im G2 einfach noch entsprechend mit dem Initialschritt 3:

Jetzt fährt die Presse im NOT-Aus-Fall automatisch nach oben, da im Schritt 3 der Befehl „Presse_hoch" nur ausgeführt wird, wenn gleichzeitig der NOT-Aus S0 betätigt wurde.

Hinweis: Wären im G2 einige Aktionen als speichernd wirkend dargestellt, so würden diese während der NOT-Aus-Phase weiterhin ausgeführt! Denn im G2 wird nur in den Initialschritt 3 gesprungen, dies führt natürlich nicht unbedingt automatisch zum Rücksetzen von gespeichert wirkenden Aktionen!
Dies kann jedoch hilfreich sein, wenn beispielsweise sicherheitsrelevante Aktionen (z. B. Zwangslüftung in einem Tunnel) immer ausgeführt werden sollen.

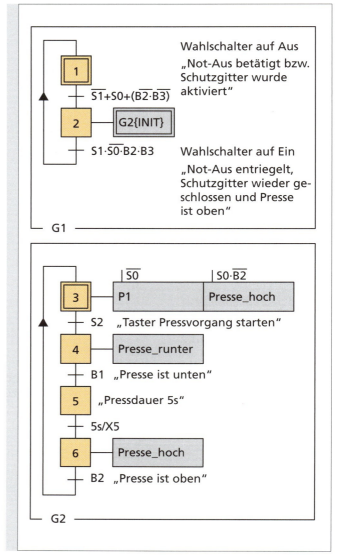

Bild 2: Zwangssteuernder Befehl

Die Presse wurde in diesem Beispiel mit einem 5/2-Wegeventil mit Federrückstellung angesteuert. Ebenso könnte ein 5/2-Wegeventil ohne Federrückstellung verwendet werden.

Die GRAFCETs wurden diesbezüglich **technologieunabhängig** gezeichnet, denn dem Schritt 5 „Pressdauer 5s" ist keine Aktion zugeordnet.

Dies muss bei der Umsetzung in ein SPS-Programm berücksichtigt werden.

Die Spule M1 benötigt beim gezeigten Ventil mit Federrückstellung im Schritt 5 natürlich trotzdem noch Spannung.

Die Vorteile bzw. Nachteile dieser Darstellungsart wurden in diesem Buch schon eingangs diskutiert.

Fehlt in der Transition zum Schritt 4 nicht noch die Bedingung S1 (Wahlschalter Ein)?

Auf den ersten Blick mag dies so erscheinen.

Bei näherer Betrachtung erkennt man aber, dass immer dann, wenn der Wahlschalter auf „Aus" steht, der GRAFCET G2 in seinen Initialschritt (3) gezwungen wird.

Die Transition zum Schritt 4 wird erst dann freigegeben, nachdem u. a. der Wahlschalter wieder auf „Ein" gestellt wurde, da hierdurch im GRAFCET G1 der Schritt 2 mit dem zwangssteuernden Befehl {INIT} verlassen wird.

Das nächste Beispiel zeigt die gleichzeitige Verwendung von einschließenden Schritten und zwangssteuernden Befehlen.

3 Strukturierung von GRAFCETs, weiterführendes Wissen
3.4 Zwangssteuernde Befehle

Bsp. 1: Einschließende Schritte können beispielsweise zur Realisierung einer Betriebsartenwahl verwendet werden. Die Abschaltbedingungen können durch zwangssteuernde Befehle umgesetzt werden.

Die Aufgabenstellung „Steuerung von drei Motoren" soll nun dahingehend abgeändert werden, dass die Abschaltung durch einen weiteren Teil-GRAFCET mit zwangssteuernden Befehlen übernommen wird.
Der Vorteil dieser Variante liegt in der verbesserten Übersichtlichkeit.
Dies wird besonders deutlich, wenn mehrere Variablen (Motorschutzrelais, Lichtschranke etc.) zum Ausschalten führen können.

Sämtliche Abschaltvorrichtungen wären somit in einem Teil-GRAFCET übersichtlich zusammengefasst.

Die beiden Varianten in der Gegenüberstellung:

Ohne zwangssteuernden Befehl:

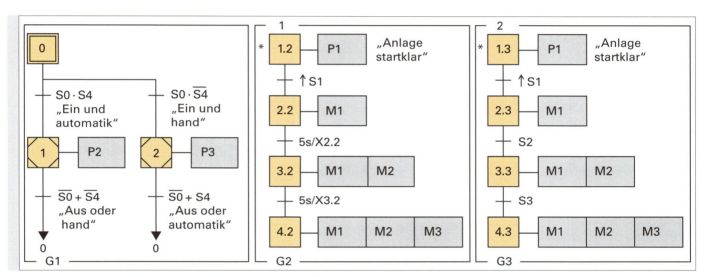

Bild 1: Ausschaltbedingungen ohne zwangssteuernde Befehle

S0 und S4 führen zum Automatikbetrieb:

Schritt 0 ist aktiv, nun wird die Anlage eingeschaltet und durch **S4 Automatik gewählt** → Schritt 1 in G1 wird aktiv, Schritt 1.2 wird aktiviert → GRAFCET in G2 kann frei ablaufen, die Steuerung befindet sich im Automatikbetrieb. Entsprechend werden im 5-s-Takt die Motoren eingeschaltet. Im Schritt 4.2 sind alle drei Motoren aktiv.

Zusätzlich wird durch Schritt 1 die Lampe P2 „Automatik gewählt" eingeschaltet.

Änderung der Betriebsartenwahl durch nicht S4 führt zum Handbetrieb:

Wählt der Bediener nun den Handbetrieb, so löst die Transition nach Schritt 1 aus → Schritt 0 wird (virtuell) aktiviert → Schritt 2 in G1 wird aktiv. Nun läuft der GRAFCET in G3 frei nach seinen eigenen Regeln. Die Anlage befindet sich nun also im Handmodus.

Zusätzlich wird durch Schritt 2 die Lampe P3 „Hand gewählt" eingeschaltet.

Nicht S0 führt zum Zustand „Aus"

Bei Betätigung von „Aus", gelangt die Steuerung von Schritt 1 bzw. Schritt 2 direkt in den Schritt 0. Alle Motoren und Signallampen sind somit deaktiviert.

Bei Bedarf könnte dem Schritt 0 eine Signallampe „Anlage aus" angehängt werden.

3 Strukturierung von GRAFCETs, weiterführendes Wissen
3.4 Zwangssteuernde Befehle

Mit zwangssteuerndem Befehl:

Folgende Änderungen sind zu beachten:
Die Ausschaltbedingung (S0) wurde aus dem Teil-GRAFCET G1 entfernt und im Teil-GRAFCET G4 verwendet.

Die Meldelampe (P1 startklar) wurde aus den Teil-GRAFCETs G2 und G3 entfernt und ebenfalls im Teil-GRAFCET G4 verwendet.

Die Funktion von G4 im Detail:

Zu Beginn ist Schritt 1.4 aktiv, da er als Initialschritt gekennzeichnet ist.

P1 „Anlage startklar" leuchtet somit, denn entweder ist ebenfalls Schritt 1.2 oder Schritt 1.3 aktiv. Der Teil-GRAFCET G1 kann nach seinen eigenen Regeln frei ablaufen. Es kann also weiterhin zwischen Automatik- und Handmodus hin- und hergeschaltet werden.

Ein Auslösen der Transition $\overline{S0}$ („AUS") aktiviert Schritt 2.4, der zwangssteuernde Befehl G1{init} wird ausgeführt. Dies hat zur Folge, dass G1 in Schritt 0 gezwungen wird, d.h., die einschließenden Schritte werden dadurch deaktiviert.

Somit werden alle (kontinuierlich wirkenden) Aktionen aus G2 und G3 beendet.

Die Lampe P1 „Anlage startklar" erlischt ebenfalls, da Schritt 1.4 deaktiviert wurde.

Wird der Wahlschalter S0 auf „EIN" gestellt, so wird Schritt 2.4 verlassen, Schritt 1.4 wird aktiviert.

Da nun der zwangssteuernde Befehl nicht mehr wirkt, werden die Transitionen in G1 freigegeben.

Der Teil-GRAFCET G1 kann nun wie gewohnt abgearbeitet werden.

Wenn nötig könnte der Teil-GRAFCET G4 leicht um weitere Funktionen ergänzt werden. Beispielsweise könnte ein Blinklicht zur Quittierung auffordern. Siehe hierzu **Bild 2**.

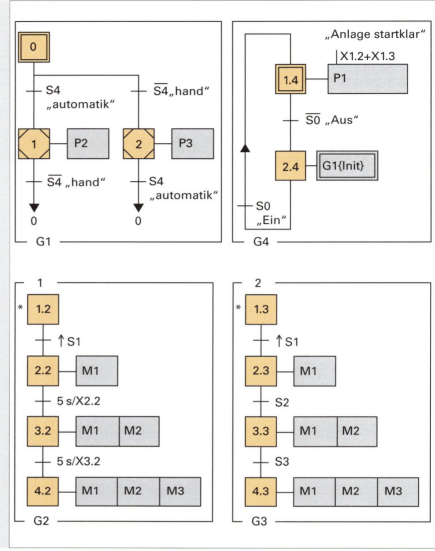

Bild 1: Abschalten durch zwangssteuernden Befehl

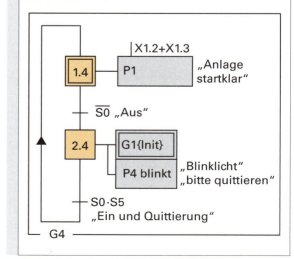

Bild 2: Ergänzung von G4 durch Blinklicht

3 Strukturierung von GRAFCETs, weiterführendes Wissen
3.5 Transienter Ablauf

3.5 Transienter Ablauf

Von einem transienten Ablauf spricht man, wenn die Weiterschaltbedingungen für den übernächsten Schritt schon erfüllt sind, bevor der nächste Schritt erreicht wurde.
Dieses Verhalten kann bewusst erzeugt werden, um bestimmte Aktionen nicht auszuführen, ohne sie überspringen zu müssen. Somit kann eine Alternativverzweigung u. U. vermieden werden.
Ein transienter Ablauf kann jedoch auch zu unerwünschtem Verhalten führen, wenn er unbeabsichtigt auftritt.

Bsp. 1: Die Steuerung befindet sich im Schritt 23, die Weiterschaltbedingung S3 besitzt bereits den Signalzustand 1 (und behält diesen).

Wird nun S2=1, so wechselt die Steuerung in den Schritt 24. Da die Transition S3 vorher schon erfüllt war, wird Schritt 24 nur „virtuell" aktiv. Die Steuerung befindet sich nun im Schritt 25 (S4 soll nicht erfüllt sein).

Welchen Zustand haben die Ausgänge Motor und Lampe?

Speichernd wirkende Aktionen werden auch von „virtuell" aktivierten bzw. deaktivierten Schritten bedient. Deshalb wird die Variable „Motor" speichernd wirkend eingeschaltet.

Die Variable Lampe wurde als **kontinuierlich wirkende Aktion** dargestellt, deshalb ist sie **inaktiv**.

Hatte die Lampe vorher kurzzeitig den Status 1?

In solch einem Fall spricht man von einer virtuellen Aktion. In diesem Spezialfall gilt folgende Regel: Eine nichtspeichernd wirkende Aktion erhält niemals den Wert 1, auch nicht kurzzeitig, da Schritt 24 lediglich „virtuell" aktiv war.

Des Öfteren hört man den Einwand, die Lampe müsste doch kurz aufblitzen, da oftmals in Zykluszeiten einer SPS gedacht wird.

Diese Betrachtungsweise ist jedoch falsch, GRAFCET ist eine Entwurfssprache und keine Programmiersprache. Die Lampe blitzt nicht kurz auf.

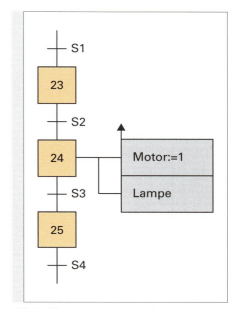

Bild 1: Transienter Ablauf

In diesem Fall wird der Schritt 24 als **„instabiler Schritt"** bezeichnet, dieser wird nicht wirklich aktiviert, sondern nur „virtuell". Ebenso wird bei der Betrachtung der Transition verfahren. Die Transition S3 hat im vorliegenden Fall nur „virtuell" ausgelöst.

3.6 Weitere Transitionsbedingungen

Transition immer erfüllt

In jedem GRAFCET muss die Grundregel eingehalten werden, die besagt, dass Schritte und Transitionen sich immer abwechseln müssen. Dies kann dazu führen, dass man beispielsweise einen Leerschritt (ohne Aktion) einfügen muss, dem keine „wirkliche" Transition folgt. Um diesen Schritt sofort wieder verlassen zu können, kann eine Transition angegeben werden, die immer erfüllt ist (ein dauerhaftes High-Signal).

An die Stelle der Transition schreibt man einfach eine logische 1.

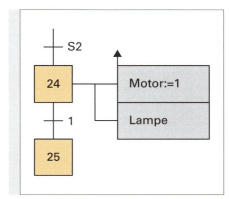

Nebenstehender GRAFCET **(Bild 2)** zeigt einen transienten Ablauf, da die Weiterschaltbedingung zwischen Schritt 24 und 25 immer erfüllt ist.

Für die Aktionen „Motor" und „Lampe" gilt somit das Gleiche wie im **Bild 1**.

Bild 2: Transition immer erfüllt

3 Strukturierung von GRAFCETs, weiterführendes Wissen
3.6 Weitere Transitionsbedingungen

Analogwerte als Transition

Bisher wurden als Weiterschaltbedingungen meist boolesche Signale verwendet, „Schalter betätigt" bzw. „unbetätigt".

Es können jedoch genauso Analogwerte als Weiterschaltbedingung verwendet werden.

Die Abfrage des Analogwertes ist dann in eckige Klammern zu setzen: [Analogwert=?].

Die Norm spricht nicht von Analogwerten, sondern von **„Transitionsbedingungs-Variablen"**, welche in eckige Klammern gesetzt werden müssen.

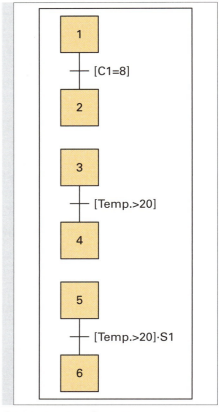

Die Weiterschaltbedingung ist erfüllt, wenn die Variable C1 den Wert 8 besitzt.

- C1 soll hier für Counter 1 stehen. In einem anderen Programmteil werden beispielsweise Stückzahlen ermittelt:
  Wurden 8 Stück gezählt, wird Schritt 2 aktiv.

Anstelle des Ausdrucks [C1=8] kann auch formuliert werden: [Stückzahl gleich 8]

- Die Weiterschaltbedingung ist erfüllt, wenn die Temperatur größer als 20 °C ist.

- Die Weiterschaltbedingung ist erfüllt, wenn die Temperatur größer als 20 °C ist und der Taster S1 betätigt wurde.

Beachten Sie:

Die eckige Klammer gilt nur für die Abfrage des Analogwertes, die boolesche Variable S1 wird nicht in eckige Klammern gesetzt.

Bild 1: Analoge Transition

Die Norm **ordnet** dem Ausdruck in **eckigen Klammern** wieder einen **booleschen Wert** zu. Ist der **Ausdruck erfüllt**, so wird der eckigen Klammer der **boolsche Wert 1 zugeordnet**, ist der Ausdruck nicht erfüllt, so besitzt der Klammerausdruck den Wert 0.

 Wird eine (nicht boolsche) Aussage innerhalb einer eckigen Klammer gesetzt, so wird dieser eckigen Klammer der boolsche Wert 1 (true) zugewiesen, wenn die Aussage innerhalb der eckigen Klammer erfüllt ist. Ist die nicht boolsche Aussage innerhalb der eckigen Klammer nicht erfüllt, so wird der eckigen Klammer der boolsche Wert 0 (false) zugewiesen.

Platz für Ihre Notizen:

3 Strukturierung von GRAFCETs, weiterführendes Wissen
3.7 Quell- und Schlusstransition

3.7 Quell- und Schlusstransition

Viele GRAFCETs beginnen mit einem Schritt, wobei oftmals eine Rückführung vom Ende eines GRAFCETs zu dessen Anfangsschritt den Ablauf schließt.
Dies muss jedoch nicht immer so sein.

Quelltransition
Ein GRAFCET kann anstatt mit einem Schritt durch eine Transition gestartet werden. Diese Transition wird dann als Quelltransition bezeichnet und besitzt **besondere Eigenschaften**:
1. Eine Transition, die **keinen vorangehenden Schritt** besitzt, wird Quelltransition genannt.
2. Eine Quelltransition gilt immer als freigegeben.
3. Sobald die Transitionsbedingung erfüllt ist, löst eine Quelltransition aus.
4. Eine ausgelöste Quelltransition aktiviert den ihr nachfolgenden Schritt.

Im **Bild 1** lautet die Transitionsbedingung der Quelltransition „positive Flanke von S1".

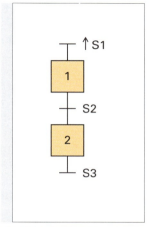

Bild 1: GRAFCET mit Quell- und Schlusstransition

Schlusstransition
Im **Bild 1** erkennt man, dass auf eine Rückführung verzichtet wird. Der GRAFCET endet mit einer Schlusstransition.
Wenn einer **Transition keine Schritte nachfolgen**, so nennt man diese Transition **Schlusstransition**.
Eine Schlusstransition besitzt folgende Eigenschaft:
Das Auslösen der Schlusstransition deaktiviert die ihr unmittelbar vorgeschalteten Schritte.

Im **Bild 1** lautet die Transitionsbedingung der Schlusstransition „S3".
Freigegeben wird die Schlusstransition (wie auch alle anderen Transitionen) durch den vorangestellten Schritt (hier Schritt 2). Schritt 2 bleibt also so lange aktiv, bis die Transitionsbedingung S3 erfüllt ist.

Bedeutung für die Praxis
Durch gezielte Verwendung von Quell- und Schlusstransitionen können in einer **nicht verzweigten** Schrittkette **mehrere Schritte gleichzeitig** aktiviert werden!
In der deutschsprachigen Literatur ist oftmals zu lesen, dass in einem nicht verzweigten GRAFCET immer nur ein Schritt aktiv sein kann. Diese Behauptung wird sogar oft als eine „wichtige Grundregel" bezeichnet.
Diese Behauptung ist jedoch nicht korrekt!
So können beispielsweise in einer Taktstraße zwei Bauteile gleichzeitig an zwei Bearbeitungsstationen bearbeitet werden.
An Station 1 wird das Bauteil gefräst, an Station 2 erhält das Bauteil eine Bohrung. In diesem Zusammenhang ist zu beachten, dass ein Schritt aktiv bleibt, wenn er gleichzeitig aktiviert und deaktiviert wird.

Die Funktion der Taktstraße im Detail
Der **Sensor B1** (nicht eingezeichnet) erkennt, dass ein Bauteil **exakt um eine Position nach vorne befördert** wurde. Die Ansteuerung des Bandmotors soll hier nicht betrachtet werden, um das Beispiel so einfach wie möglich zu halten.

Bauteil 1 wird bearbeitet:
Das Bauteil 1 wird bis Sensor B2 befördert.
Bei Ankunft am Sensor B2 löst die Quelltransition (1) aus. Schritt 1 wird aktiv und das Bauteil wird gefräst. Schritt 2 ist in diesem Moment noch deaktiviert.
Anmerkung: Es liegt **kein transienter Ablauf** vor, da die Transition (2) erst freigegeben wird, wenn Schritt 1 aktiv ist. Zu diesem Zeitpunkt liefert die Flankenabfrage von B1 jedoch eine falsche Aussage.

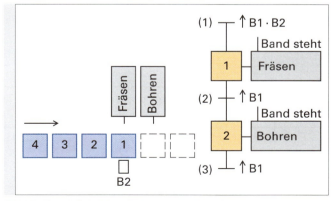

Bild 2: Zwei Schritte sind gleichzeitig aktiv

3 Strukturierung von GRAFCETs, weiterführendes Wissen
3.8 Quell- und Schlussschritt

Bauteil 2 wird bearbeitet:
Da Schritt 1 noch aktiv ist, ist die Transition (2) nun freigegeben. Alle Bauteile werden nun exakt um eine Position weiter befördert. Das Förderband befördert das nächste Bauteil (Würfel 2) also bis zum Sensor B2. Die Transition (2) löst aus und aktiviert somit Schritt 2. Das Bauteil 2 wird gefräst, **gleichzeitig** erhält Bauteil 1 eine Bohrung. Es sind also **zwei Schritte gleichzeitig aktiv!**

Eine Deaktivierung von Schritt 1 findet nicht statt, da Transition (1) wieder ausgelöst hatte. Es gilt die oben zitierte Regel: „dass ein Schritt aktiv bleibt, wenn er gleichzeitig aktiviert und deaktiviert wird".

Befindet sich Bauteil 4 (es soll das letzte Bauteil sein, welches bearbeitet werden soll) an der Frässtation, so werden nun letztmalig beide Schritte gleichzeitig aktiv sein.
Der Transport von Bauteil 4 zur Bohrstation hat zur Folge, dass die Transition (1) jetzt nicht mehr auslöst, da B2= false ist. Das letzte Bauteil auf dem Förderband wurde somit erkannt.

Schritt 1 wird somit **durch die Transition (2) deaktiviert,** ein Fräsen findet nicht mehr statt.

Transportiert das Förderband das Bauteil 4 nach dem Bohrvorgang eine Position weiter, so **deaktiviert** die **Schlusstransition (3)** den **Schritt 2**, auch der Bohrvorgang wurde somit beendet.

Alle Schritte sind jetzt deaktiviert, es ist kein Bauteil zur Bearbeitung vorhanden!
Erreicht irgendwann ein neues Bauteil den Sensor B2, beginnt der Ablauf von vorne.

Anmerkung:
Die **Aktionen Fräsen und Bohren** stehen hier **exemplarisch**, um die Funktion verständlicher zu machen. Sowohl der Fräs- als auch der Bohrvorgang besteht unter Umständen aus mehreren Aktionen. Darauf wurde in diesem Beispiel zu Gunsten der Einfachheit bewusst verzichtet. Es sollte nur gezeigt werden, warum es notwendig sein kann, mehrere Schritte in einem nicht verzweigten GRAFCET gleichzeitig aktiv zu halten, und wie man dies realisieren kann.

3.8 Quell- und Schlussschritt

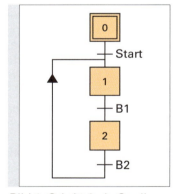

Nicht alle GRAFCETs müssen zwangsläufig ihren Initialschritt mehrmals durchlaufen. Weder muss eine Rückführung zum Anfangsschritt erfolgen, noch ist eine Rückführung generell notwendig.
Auf eine Rückführung kann, wenn gewünscht, komplett verzichtet werden.

Quellschritt
In **Bild 1** wird Schritt 0 nur einmalig aktiviert, nämlich in der Anfangssituation. Schritt 0 besitzt keine vorangehende Transition, Schritt 0 wird demnach als Quellschritt bezeichnet.

Bild 1: Schritt 0 als Quellschritt

 Wenn ein Schritt keine vorangehende Transition besitzt, spricht man von einem Quellschritt.

3 Strukturierung von GRAFCETs, weiterführendes Wissen
3.8 Quell- und Schlussschritt

Weitere Beispiele für Quellschritte:

In **Bild 1** stellt Schritt 1.1 ebenfalls einen Quellschritt dar. Hierbei wird Schritt 1.1 durch den einschließenden Schritt 12 aktiviert, dies erkennt man am oberen Rand des Rahmens von G1.

In **Bild 2** ist Schritt 1.1 als Quellschritt eines untergeordneten Teil-GRAFCETs zu sehen, welcher (nur) durch einen zwangssteuernden Befehl aktiviert wird.

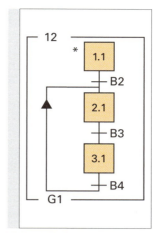

Bild 1: Schritt 1.1 als Quellschritt

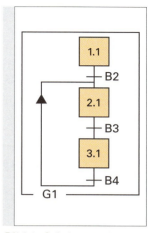

Bild 2: Schritt 1.1 als Quellschritt

Schlussschritt

Es ist möglich, einen GRAFCET nach einmaligem Ablauf in seinem letzten Schritt „stehen zu lassen". Dieser Fall wird in **Bild 3** gezeigt.

Ist Schritt 19 aktiv und wird nun die Transition „beenden" erfüllt, so wird der **Schlussschritt 20** aktiv.

Schritt 20 bleibt nun so lange aktiv, bis er durch folgende Möglichkeiten deaktiviert wird:
a) Ein übergeordneter GRAFCET führt einen zwangssteuernden Befehl aus.
b) Wenn Schritt 20 Teil einer Einschließung wäre, könnte durch Deaktivierung des einschließenden Schrittes der Schritt 20 ebenfalls deaktiviert werden.

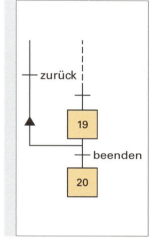

Bild 3: Schritt 20 als Schlussschritt

Gleichzeitiger Quell- und Schlussschritt

Wenn eine Einzelschritt-Ablaufkette verwendet wird, dient der verwendete Schritt sowohl als Quell- als auch als Schlussschritt.

In **Bild 4** kann durch Betätigung eines Tasters S9 jederzeit ein akustisches Alarmsignal ausgelöst werden.

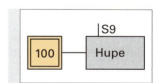

Bild 4: Quell- und Schlussschritt

Platz für Ihre Notizen:

4 Vom GRAFCET zum Funktionsplan (FUP)

In diesem Kapitel wird gezeigt, wie ein GRAFCET in ein SPS-Programm umgesetzt werden kann. Hierzu wird das SPS-Programm im FUP geschrieben (natürlich ist auch AWL möglich), wie er beispielsweise in einer SPS der Firma SIEMENS (S7-300er-Familie) verfügbar ist.

Ebenso kann diese Vorgehensweise auch leicht auf andere Kleinsteuerungen wie z. B. LOGO übertragen werden.

> **Vorüberlegungen zum Programmaufbau:**
>
> a) Jeder Schritt im GRAFCET wird durch einen sog. Schrittmerker im FUP symbolisiert. Da die Schrittvariable laut GRAFCET-Norm mit X bezeichnet wird, bietet es sich an, die Schrittmerker identisch zu beschriften.
> So lautet der Schrittmerker für den Initialschritt X0, für den nächsten Schritt X1 usw.
>
> b) Um einen Schritt(merker) setzen zu können, muss der vorherige Schrittmerker=1 sein und die entsprechende(n) Weiterschaltbedingung(en) muss (müssen) erfüllt sein.
>
> c) Der nachfolgende Schrittmerker setzt den vorherigen Schrittmerker zurück. Deshalb bietet es sich an, die Schrittmerker mit einem RS-Flipflop zu setzen und rückzusetzen.
>
> d) Aktionen, die im GRAFCET einem Schritt zugeordnet sind, werden bei der Programmierung der Schrittmerker (noch) nicht berücksichtigt.
>
> In der S7-300er-Familie kann man ein Programm in verschiedenen Funktionen, sog. FCs, programmieren. Dies dient unter anderem der Anschaulichkeit und gibt dem Programm eine Struktur.
>
> So kann man beispielsweise die eigentliche Programmlogik (Schrittmerkerprogrammierung) im FC1 schreiben. Im FC2 werden dann nur noch die Ausgänge den Schrittmerkern zugeordnet.
>
> e) SIEMENS unterscheidet bei seinen Flipflops zwischen vorrangigem Setzen und vorrangigem Rücksetzen des Ausgangs:

Beim Flipflop im **Bild 1** spricht man von einem Flipflop, bei dem der Rücksetzbefehl vorrangig ist.

Im **Bild 2** hingegen dominiert der Setzbefehl.

Liegen am Setz- und Rücksetzeingang gleichzeitig High-Signale an, so liefert der Ausgang Q im **Bild 1** eine logische 0, der Ausgang Q im **Bild 2** jedoch eine logische 1.

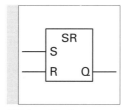

Bild 1: Flipflop, Rücksetzen vorrangig

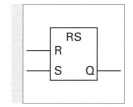

Bild 2: Flipflop, Setzen vorrangig

 Im FUP der SIEMENS-SPS gilt:
Beim SR-Flipflop ist der Rücksetzbefehl, beim RS-Flipflop ist der Setzbefehl vorrangig.

4 Vom GRAFCET zum Funktionsplan (FUP)
4.1 Ablauf ohne Verzweigung

Am SETZ-Eingang eines Flipflops werden alle Einschaltbedingungen zusammengefasst.

Am RÜCKSETZ-Eingang werden entsprechend alle Rücksetzbedingungen zusammengefasst (evtl. genügt hier der AUS-Merker).

> Aus Gründen der Übersichtlichkeit sollte vermieden werden, dass am SETZ-Eingang neben den Einschaltbedingungen auch noch die Ausschaltbedingungen in negierter Form angelegt werden!

Nun soll an einem sehr einfachen GRAFCET (ohne Verzweigung) die Umsetzung zu einem ablauffähigen FUP gezeigt werden.

4.1 Ablauf ohne Verzweigung

Bild 1 Nach dem Einschalten befindet sich die Steuerung im Initialschritt 0 (Schrittmerker X0=1).

Dies bedeutet, die Schritte 1 und 2 sind deaktiviert (X1=0 u. X2=0).

In diesem Beispiel wurden bewusst sehr einfache Transitionsbedingungen formuliert. Ebenso wurde auf komplexe Aktionen verzichtet, um den Einstieg in diese Thematik möglichst leicht zu gestalten.

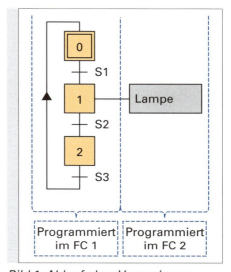

Bild 1: Ablauf ohne Verzweigung

Im weiteren Verlauf werden Umsetzungsmöglichkeiten von komplexeren GRAFCETs vorgestellt.

Ein GRAFCET ist zwar in seiner Funktion eindeutig, jedoch gibt es mehrere Möglichkeiten das zugehörige SPS-Programm zu schreiben. Die vorgestellten Möglichkeiten sollen diese Vielfältigkeit verdeutlichen.

Der dargestellte GRAFCET kann durch viele verschiedene Varianten der Programmierung umgesetzt werden. Der große Unterschied zwischen den Varianten liegt hauptsächlich in der Art, wie der Initialschritt programmiert wurde. In den weiteren Programmteilen sind die vier vorgestellten Varianten stellenweise sehr ähnlich oder sogar identisch.

Kurzbeschreibung der Varianten:

Variante 1 (Bild 1, S. 68):

Hier wird die Tatsache beachtet, dass der Schritt 0 nur dann aktiv sein kann, wenn alle anderen Schritte inaktiv sind.

Bei der Programmierung des letzten GRAFCET-Schritts fällt eine weitere Besonderheit auf:

Schritt 2 wird nicht vom nachfolgenden Schritt (0) zurückgesetzt, sondern von der Transitionsbedingung S3. Dies widerspricht eigentlich der Logik der Schrittketten-Programmierung. Die nachfolgende Variante 2 besitzt diesen Widerspruch jedoch nicht.

Variante 2 (Bild 2, S. 68):

Der „Widerspruch" aus Variante 1 tritt bei Variante 2 nicht mehr auf, dort wird der Schritt 2 tatsächlich vom nachfolgenden Schritt 0 (Variable X0) zurückgesetzt.

Die Programmierung des Initialschrittes erfolgt hier jedoch nach einer anderen Logik. Für den ersten Durchlauf der Schrittkette dient die UND-Verknüpfung ①. Wurde der GRAFCET einmal bis zum Ende abgearbeitet, so dient das UND-Gatter ② als Setzbedingung für den Schritt X0. Das UND-Gatter ① kommt ab dieser Stelle nicht mehr zum Einsatz.

4 Vom GRAFCET zum Funktionsplan (FUP)
4.1 Ablauf ohne Verzweigung

Variante 1

Variante 2

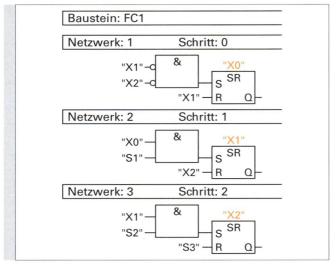

Bild 1: Variante 1

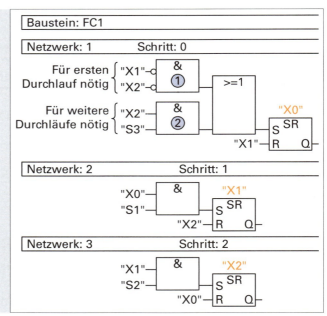

Bild 2: Variante 2

Die Programmierung der Schritte ist nun abgeschlossen. Die Aktion Y1, welche im Schritt 1 stattfindet, wurde jedoch noch nicht programmiert. Jetzt wird im FC2 dem Schrittmerker 1 der Ausgang Y1 zugewiesen:

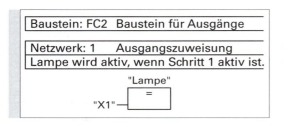

Der FC2 der Variante 1 ist identisch mit dem FC2 der Variante 2.

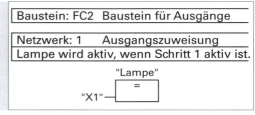

Bild 3: Variante 1 FC2

Bild 4: Variante 2 FC2

Anmerkungen zur Variante 1:

- Der Schritt 0 kann nur gesetzt werden, wenn kein anderer Schritt aktiv ist (im abgebildeten GRAFCET darf immer nur ein Schritt aktiv sein). Zurückgesetzt wird der Schritt vom nächsten Schritt, also vom Schrittmerker X1. → siehe Vorüberlegung c) auf Seite 66.
- Schrittmerker 1 wird gesetzt, wenn Schritt 0 aktiv ist und S1 betätigt wird → siehe Vorüberlegung b)
- Das Setzen des Schrittmerkers 2 befolgt die gleiche Logik. Jedoch wird der letzte Schrittmerker der Schrittkette (hier: Schrittmerker 2) nicht vom nachfolgenden Schritt (das wäre der Initialschritt 0) zurückgesetzt, sondern von der Transition, welche in den nachfolgenden Schritt überleitet.
- Insofern wurde hier von der Vorüberlegung c) abgewichen. Trotzdem findet diese Art der Programmierung im Rahmen der Programmierausbildung bei sehr kleinen Schrittketten Anwendung. In der Variante 2 wird die Vorüberlegung c) voll beachtet.

Anmerkungen zur Variante 2:

- Die negierten Schrittmerker X1 und X2 werden für den (einmaligen) allerersten Ablauf der Schrittkette benötigt. Hierdurch wird der X0 gesetzt.
- Das Rücksetzen von X0, das Setzen und Rücksetzen von X1 sowie das Setzen von X2 folgt der Logik der Variante 1.
- Der letzte Schritt wird jetzt konsequent vom nachfolgenden Schritt (X0) zurückgesetzt.
- Jetzt wird auch klar, warum die Variable X0 nun (und für alle weiteren Durchläufe) durch die UND-Verknüpfung aus X2 und S3 gesetzt wird.

4 Vom GRAFCET zum Funktionsplan (FUP)
4.1 Ablauf ohne Verzweigung

Ob nun Variante1 oder Variante 2 besser ist, soll hier nicht beurteilt werden. Beide Varianten existieren und funktionieren.

Das komplette Programm sieht also so aus:

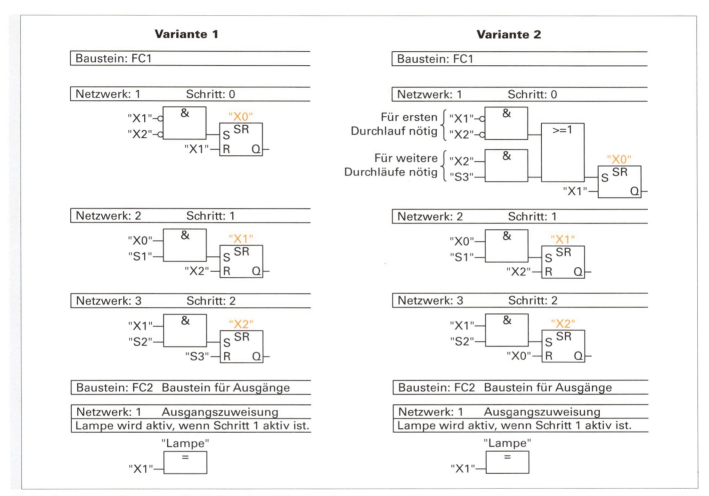

Bild 1: Komplettes Programm für Variante1 und Variante 2

 Die beiden weiteren Varianten unterscheiden sich nur in der Programmierung des Initialschrittes X0 und in der Rücksetzbedingung des letzten Schrittes. Die übrigen Programmteile sind identisch.

Weitere Varianten:

Variante 3:
Hier wird durch einen Hilfsmerker ein Startimpuls erzeugt, der genau für den ersten Zyklus den Wert 1 besitzt. Dieser setzt im ersten Durchlauf den Initialschritt 0.
Für alle folgenden Durchläufe dient als Setzbedingung für X0 der letzte Schritt mit der entsprechenden Transitionsbedingung.

Variante 4 (S. 71):
Die Variante 4 ist hardwareabhängig, d.h., sie kann nicht bei allen Steuerungen angewendet werden. Der Organisationsbaustein OB 100 der SIEMENS-SPS wird nur beim Schalten von STOP auf RUN einmal abgearbeitet. Dies kann man sich zunutze machen, indem man im OB100 den Initialschritt programmiert, sodass er beim ersten Ablauf automatisch gesetzt wird.

4 Vom GRAFCET zum Funktionsplan (FUP)
4.1 Ablauf ohne Verzweigung

Variante 3 (mit Startimpuls) Bild 1:

1. Zyklus der SPS

Im Netzwerk 1 besitzt der Merker M0.1 den Wert 0, somit wird M0.2=1.

Dies hat zur Folge, dass im Netzwerk 2 der Merker M0.1 auf 1 gesetzt wird.

Am Ende des 1. Zyklus besitzt M0.2 also den Wert 1. Somit kann der M0.2 als „Startimpuls" beschriftet werden.

2. Zyklus der SPS

Netzwerk 1:
Da nun M0.1 den Wert 1 besitzt, wird M0.2 der Wert 0 zugewiesen. (Siehe **Bild 2**).

Netzwerk 2:
Der Zustand des Merkers M0.2 spielt nun keine Rolle mehr, M0.1 bleibt auf 1.

So ist leicht erkennbar, dass der Merker M0.2 „Startimpuls" nur im ersten Zyklus der Programmabarbeitung den Wert 1 besitzt, danach nie wieder.

Dieser Startimpuls M0.2 wird nun dazu verwendet, den Initialschritt **erstmalig** zu setzen (siehe ODER-Verknüpfung im Netzwerk 3).
Für alle weiteren Durchläufe dient die UND-Verknüpfung ① im Netzwerk 3.
Wie bereits erwähnt, sind die übrigen Programmteile (Netzwerk 4, Netzwerk 5 und FC 2) identisch.

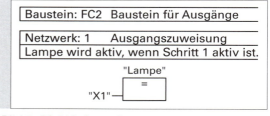

Bild 1: FC 1: Variante 3 (mit Startimpuls)

Zyklus	M0.1 "Nullsignal"	M0.2 "Startimpuls"
1	1	1
2	1	0
3	1	0
4	1	0
5	1	0
-	1	0
-	1	0

Bild 2: Wertetabelle zu Bild 1

Bild 3: FC 2 Variante 3

Ein Vergleich der Variante 2 mit Variante 3 zeigt, dass sie sehr ähnlich aufgebaut sind. Der Unterschied liegt nur in der Umsetzung des allerersten Durchlaufs. In Variante 2 wurde dieser durch Negierung aller Schrittmerker, in Variante 3 durch den Richtimpuls realisiert. Die übrigen Programmteile sind identisch.

 Die Varianten 1-3 sind bei jeder Kleinsteuerung anwendbar.

Die folgende Variante 4 benötigt einen speziellen Baustein. Somit ist Variante 4 nicht universell auf alle Kleinsteuerungen übertragbar.

4 Vom GRAFCET zum Funktionsplan (FUP)
4.1 Ablauf ohne Verzweigung

Variante 4 (mit OB100)

Die SIEMENS-SPS bietet verschiedene Organisationsbausteine. Der OB1 wird automatisch zyklisch abgearbeitet, darum muss sich der Programmierer nicht kümmern.

Die Nummerierung der einzelnen Organisationsbausteine ist nicht beliebig. Je nach Nummer besitzt der OB eine spezielle Eigenschaft. So wird beispielsweise der OB mit der Nummer 100 nur einmalig abgearbeitet, und zwar genau dann, wenn die SPS von „STOP" auf „RUN" (Warmstart) geschaltet wird.

Da dies der Zeitpunkt ist, in dem normalerweise der Initialschritt des GRAFCETs aktiv werden soll, bietet es sich an, den Initialschritt mithilfe des OB100 einmalig zu setzen.

> **Hinweis:** Möchte man sich nicht nur auf den Warmstart beschränken, so kommen neben dem OB100 auch der OB101 (Wiederanlauf) und der OB 102 (Kaltstart) zum Einsatz. Hier wird jedoch nur die Verwendung des OB100 gezeigt.

OB100 erzeugen

Der Organisationsbaustein OB100 muss vom Anwender erzeugt werden (Einfügen/S7-Baustein/Organisationsbaustein) **(Bild 1)**. Danach befindet sich der OB100 auf einer Ebene mit dem OB1 und dem FC1.
Der symbolische Name „COMPLETE RESTART" wird vom System automatisch vergeben:

Bild 1: OB100 wurde erzeugt

Ein Doppelklick auf den **OB100** öffnet diesen, er kann wie gewohnt programmiert werden.

Der OB100 muss ebenso wie der OB1 nicht vom Anwender aufgerufen werden. Den Aufruf dieser Organisationsbausteine übernimmt das Betriebssystem automatisch. Die Funktionen FC1 und FC2 hingegen müssen durch Implementierung in den OB1 wie gewohnt vom Programmierer aufgerufen werden.

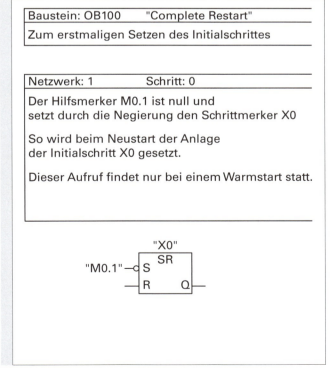

Bild 2: Geöffneter OB100

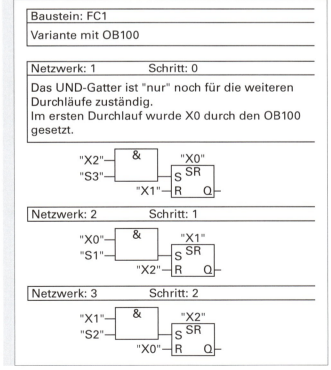

Bild 3: Schrittkette im FC1

4 Vom GRAFCET zum Funktionsplan (FUP)
4.1 Ablauf ohne Verzweigung

Wie bei allen anderen Varianten auch folgt abschließend noch die Zuweisung des Schrittmerkers auf den Ausgang im FC2 **(Bild 1)**.

Detaillierte Informationen zum Organisationsbaustein OB 100 und weiteren wichtigen Organisationsbausteinen sind in der Hilfefunktion der S7-Software von SIEMENS zu finden.

Bsp. 1: Nun soll das bisher Gezeigte am Beispiel der Presse mit Schutzgitter weiter verdeutlicht werden.

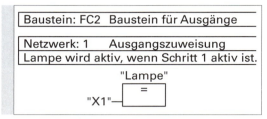

Bild 1: Zuweisung auf den Ausgang im FC2

Grundstellung:

Presse ist oben (B2 bedämpft), Schutzgitter ist geschlossen (B3 bedämpft)

Ablauf:

S2 („Pressen") betätigen – Presse fährt nach unten bis Endtaster B1 → Presse bleibt 5 s in dieser Position → Presse fährt automatisch wieder hoch, bis Endtaster B2 bedämpft.

S2 muss erneut betätigt werden, um den nächsten Pressvorgang anzustoßen.

Fehlerfall:

Wird S1 abgewählt (Wahlschalter auf „Aus"), so soll die Presse hochfahren.

Ein Öffnen des Schutzgitters (B3 nicht bedämpft) führt auch dazu, dass die Presse hochfährt.

Der GRAFCET zur Presse kann so aussehen wie in **Bild 3**.

Es könnte die Frage entstehen, ob im GRAFCET die Aktion „Presse runter" im Schritt 3 fehlt.

Es ist nicht klar, ob die Presse mit einem Ventil mit Federrückstellung oder aber mit einem Ventil, welches beidseitig druckbeaufschlagt wird, angesteuert wird. Deshalb erhält der Schritt 3 keine Aktion, er fungiert als klassischer Leerschritt.

Streng genommen müsste eine Aktion bei Schritt 3 auch „Presse unten halten" lauten, „Presse runter" ergäbe keinen Sinn, da die Presse bereits unten ist.

Dies ist ein anschauliches Beispiel für eine **anlagenneutrale Darstellung** des Steuerungsablaufs.

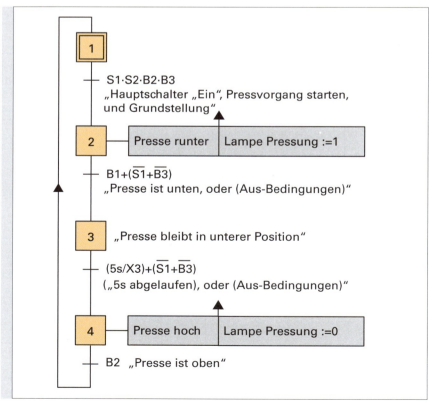

Bild 2: Presse mit Schutzgitter

Bild 3: GRAFCET zur Presse mit Schutzgitter

4 Vom GRAFCET zum Funktionsplan (FUP)
4.1 Ablauf ohne Verzweigung

Nun soll der GRAFCET durch ein SPS-S7-Programm realisiert werden. Der Initialschritt wurde hier durch einen Richtimpuls realisiert. Im FC1 **(Bild 1)** wird die Schrittkette, im FC2 **(Bild 2)** die Ausgangszuweisung programmiert. Die Variablen „Presse runter" und „Presse hoch" stehen hier für die beiden Anschlüsse eines Impulsventils, welches die Kolbenstange ansteuert.

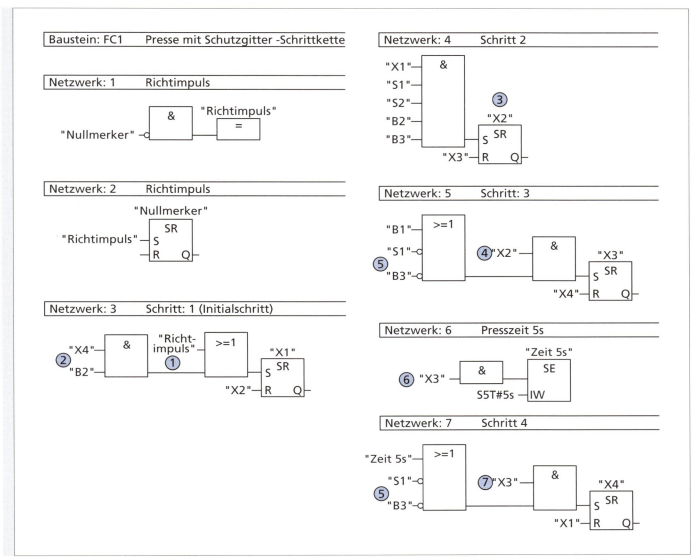

Bild 1: FC1 zur Presse mit Schutzgitter

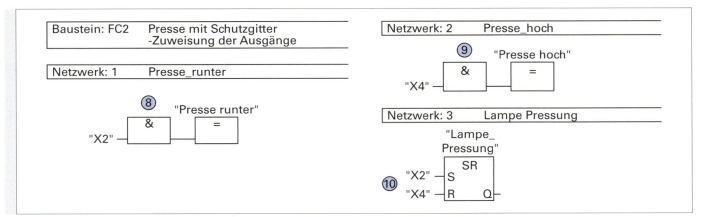

Bild 2: FC2 zur Presse mit Schutzgitter

4 Vom GRAFCET zum Funktionsplan (FUP)
4.1 Ablauf ohne Verzweigung

Erläuterungen zur Umsetzung des GRAFCETs in den FUP:

FC 1

Richtimpuls NW 1, NW2
Im Netzwerk 1 und 2 wird mittels eines Nullmerkers ein Richtimpuls erzeugt.

Initialschritt NW3
① Im Netzwerk 3 wird durch den eben erzeugten Richtimpuls der Initialschritt realisiert (der Initialschritt trägt nun die Nummer 1 und nicht mehr die Nummer 0).
② Befindet sich die Steuerung im Schritt 4 und wird B2=1, so gelangt man ebenfalls zum Initialschritt 1. Zurückgesetzt wird der Schritt 1 vom nachfolgenden Schritt (X2).

Schritt 2 NW4
③ Schritt 2 wird aktiv, wenn Schritt 1 aktiv ist UND die Transitionsbedingungen erfüllt sind.
Zurückgesetzt wird der Schritt 2 vom nachfolgenden Schritt (X3).

Schritt 3 NW 5
④ In den Schritt 3 gelangt man, wenn Schritt 2 aktiv ist (Presse fährt nach unten) und der Endschalter B1 meldet, dass die Presse unten angekommen ist. Es ist aber auch möglich, dass, bevor die Presse unten angekommen ist, der Bediener eine AUS-Bedingung wählt.
⑤ Zur AUS-Bedingung zählen ein Anheben des Schutzgitters (B3 ist nicht bedämpft) oder Wahlschalter S1 in Aus-Stellung. Wird eine AUS-Bedingung erfüllt, so kommt es im GRAFCET zu einem transienten Ablauf für die Schritte 2 und 3. Man gelangt also ohne Umwege in den Schritt 4 → Die Presse fährt hoch.
Zurückgesetzt wird der Schritt 3 vom nachfolgenden Schritt (X4).

Presszeit NW6
Das Werkstück soll für 5 s gepresst werden, deshalb dürfen die 5 s erst ablaufen, nachdem B1 „Presse ist unten" gemeldet hat. Da diese Situation mit dem Schritt 3 gleichzusetzen ist, startet X3 ⑥ den einschaltverzögerten Timer.

Schritt 4 NW7
⑦ Um in den Schritt 4 zu gelangen, muss der Schritt 3 aktiv sein und die 5 s müssen abgelaufen sein. Es ist aber auch möglich, durch die AUS-Bedingungen ⑤ in den Schritt 4 zu gelangen.
Zurückgesetzt wird der Schritt 4 vom nachfolgenden Schritt (X5).

FC 2

Presse herunterfahren NW 1
Im GRAFCET soll die Presse nach unten fahren, wenn der Schritt 2 aktiv ist, deshalb genügt hier eine einfache Zuweisung ⑧.

Presse hochfahren NW 2
Im GRAFCET soll die Presse nach oben fahren, wenn der Schritt 4 aktiv ist, deshalb genügt auch hier eine einfache Zuweisung ⑨.

Lampe Pressung NW 3
Der GRAFCET zeigt, dass die Lampe „Pressung" im Schritt 2 speichernd auf 1 gesetzt wird, deshalb wurde ein Flipflop verwendet und X2 an einen Setz-Eingang geschrieben ⑩.
Mit Aktivierung des Schrittes 4 wird die Lampe „Pressung" wieder abgeschaltet, entsprechend wurde X4 an den Rücksetzeingang des Flipflops gelegt.
Als Alternative wäre auch eine ODER-Verknüpfung **(Bild 1)** möglich, jedoch sind solche Abwandlungen nicht empfehlenswert, da nachträgliche Änderungen im GRAFCET dann nur schwer im SPS-Programm angepasst werden können.

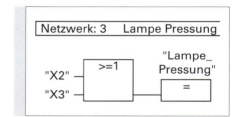

Bild 1: ODER-Verknüpfung als mögliche, jedoch nicht empfehlenswerte Alternative

4 Vom GRAFCET zum Funktionsplan (FUP)
4.2 Ablauf mit Alternativer Verzweigung (ODER-Verzweigung)

Der eben vorgestellte GRAFCET hatte keinerlei Verzweigungen. Nun wird gezeigt, wie ein GRAFCET mit **Alternativverzweigungen** (sog. ODER-Verzweigungen) in einen FUP umgesetzt werden kann.

4.2 Ablauf mit Alternativer Verzweigung (ODER-Verzweigung)

Die Umsetzung des GRAFCETs in einen FUP ist leicht möglich. Es werden die einzelnen Schritte per Flipflop gesetzt und rückgesetzt.
Die Schritte 4, 6 und 8 erhalten als Setzbedingungen neben den eigentlichen Transitionen noch den Schritt 3. Entsprechend werden die Schritte 5, 7 und 8 jeweils vom Schritt 9 zurückgesetzt.

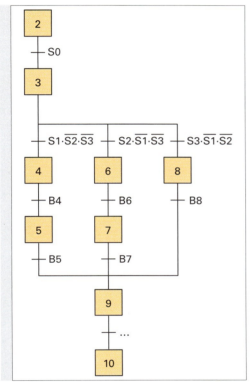

Bild 1: GRAFCET mit Alternativverzweigungen

Man erkennt leicht, dass folgende Grundregel verwendet wird:

Ein Schritt wird aktiviert, wenn der vorherige Schritt und die zugehörigen Transitionsbedingungen erfüllt sind.

Ein Schritt wird vom nachfolgenden Schritt zurückgesetzt.

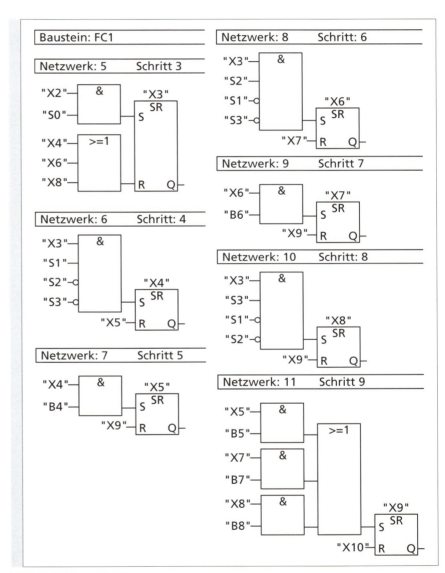

Bild 2: FUP zu Bild 1

Bei einer Alternativverzweigung existieren zwangsläufig mehrere vorherige bzw. nachfolgende Schritte. Dementsprechend werden diese mit einer ODER-Verknüpfung am Rücksetzeingang von X3 im FUP berücksichtigt. Die Transitionsbedingungen müssen so gewählt sein, dass die verschiedenen Setzeingänge (X4, X6 und X8) niemals gleichzeitig ein High-Signal führen können.

Wendet man die gleiche Logik auf parallel ablaufende Schrittketten an, so wird deutlich, dass es eine gemeinsame Transition geben muss. Diese identische Setzbedingung wird dann im FUP an **mehreren** Stellen verwendet.

4 Vom GRAFCET zum Funktionsplan (FUP)
4.3 Ablauf mit Paralleler Verzweigung (UND-Verzweigung)

Der Begriff „UND-Verzweigung" soll andeuten, dass ein Teil des GRAFCETs **und** ein anderer Teil (oder mehrere Teile) gleichzeitig ablaufen können. Die Norm bezeichnet diesen Fall mit dem Begriff **„Parallele Ablaufketten"**. Die Umsetzung des GRAFCETs mittels eines S7-Programms ist auch hier leicht möglich. Auch hier werden die einzelnen Schritte per Flipflop gesetzt und rückgesetzt.

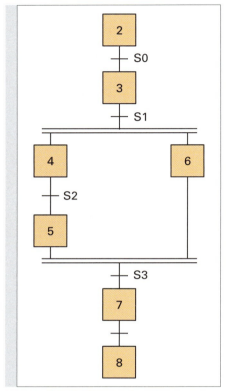

Bild 1: GRAFCET mit Parallel-Verzweigung.

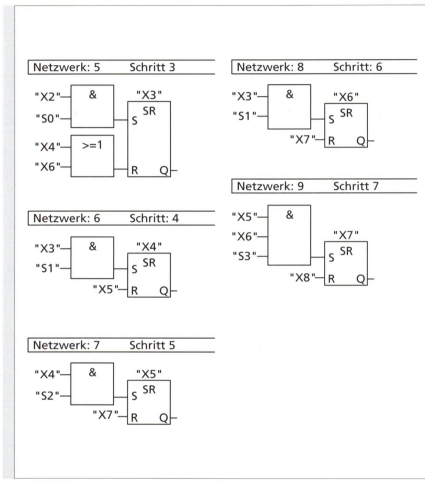

Bild 2: FUP zu Bild 1

Der GRAFCET zeigt, dass Schritt 4 und Schritt 6 gleichzeitig aktiv werden, und zwar dann, wenn Schritt 3 aktiv ist und die Transition S1 erfüllt ist.

Deshalb wurde im FUP im Netzwerk 6 und im Netzwerk 8 exakt diese Bedingung für den Setz-Eingang der Flipflops gewählt.

Der Rücksetzeingang wird, wie üblich, vom nachfolgenden Schritt angesteuert.

Anmerkung: Schrittmerker X3 wird durch eine ODER-Verknüpfung rückgesetzt, hier wäre auch eine UND-Verknüpfung denkbar, denn die Schritte 4 und 6 sind irgendwann gleichzeitig aktiv (wenn auch evtl. nur für kurze Zeit).

Mit den vorgestellten Programmiermöglichkeiten zur Umsetzung eines GRAFCET in einen FUP können die meisten einfachen Steuerungsaufgaben erfolgreich gelöst werden. Eine Umsetzung einer Zwangssteuerung in einen FUP folgt der gleichen Logik. Die zwangssteuernden Befehle werden meist einfach als zusätzliche Setz- bzw. Rücksetzbedingung angesehen. Eine Vertiefung dieses Themas erfolgt im Kapitel 5.

5 Aufgaben

Aufgabe 1 Einfache Lüftersteuerung

Dieses Aufgabenbeispiel ist bewusst sehr einfach gehalten um den Einstieg in das anspruchsvolle Kapitel der Erstellung von GRAFCETs erfolgreich gestalten zu können.

Variante 1

Ein elektrisch angetriebenes Lüfterrad soll über den Taster S1 eingeschaltet werden. Der Lüftermotor M1Luefter bleibt nun solange aktiv, bis über den Taster S2 abgeschaltet wird. Nach Abschaltung kann der Lüfter wieder über S1 eingeschaltet werden.

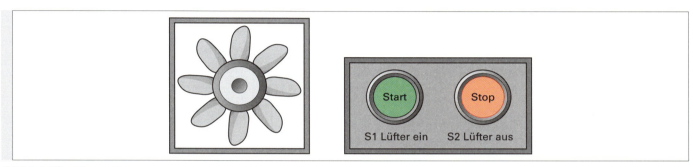

Bild 1: Lüftersteuerung

 Erstellen Sie den GRAFCET und testen Sie dessen Funktion anschließend am Modell.

Variable im GRAFCET	Bedeutung
S1	Ein-Taster
S2	Aus-Taster, S2 steht für Aus-Befehl
M1Luefter	Motor für Lüfterrad

Variante 2

Ein elektrisch angetriebenes Lüfterrad soll über den Taster S1 einmalig eingeschaltet werden. Der Lüfter wechselt nun fortlaufend zwischen seinen beiden Zuständen hin und her: 10s aktiv, danach für 5s inaktiv.

Der Lüftungsvorgang kann über den Taster S2 beendet werden. Nach Abschaltung kann der Prozess über S1 wieder eingeschaltet werden.

 Erstellen Sie den GRAFCET und testen Sie dessen Funktion anschließend am Modell.

Variante 3

Erstellen Sie den GRAFCET zur Variante 2, indem Sie die Abschaltung durch S2 mit einem zwangssteuernden Befehl realisieren. Sie benötigen demnach einen zweiten Teil-GRAFCET.

 Testen Sie die Funktion anschließend am Modell.

Hinweis: Bei einfachen Anlagen ist eine Abschaltung ohne zwangssteuernde Befehle oft gut realisierbar. Mit zunehmender Komplexität einer Anlage ist es unter Umständen vorteilhaft, die Befehle zur Abschaltung durch zwangssteuernde Befehle bzw. mittels eines Teil-GRAFCETs zu realisieren.

5 Aufgaben
Aufgabe 1 Einfache Lüftersteuerung

Der GRAFCET, Variante 1:

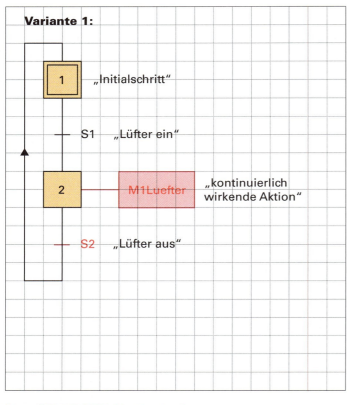

Der GRAFCET, Variante 2:

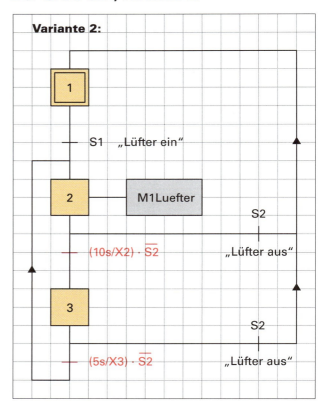

Der GRAFCET, Variante 3:

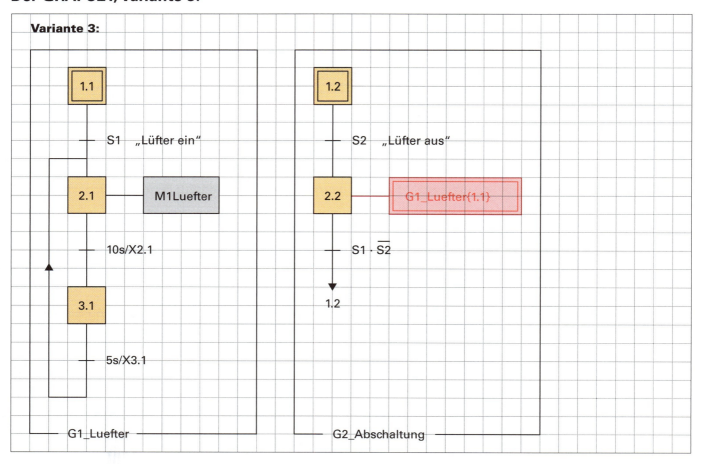

5 Aufgaben

Aufgabe 2 Einfache Motorsteuerung

Aufgabe 2 Einfache Motorsteuerung

Bei der Aufgabenstellung „einfache Lüfter-Steuerung" wurde keine Motorschutzeinrichtung berücksichtigt.
Dies soll nun geändert werden.

Ein Elektromotor M1 soll über den Taster S1 eingeschaltet werden. Der Motor bleibt nun solange aktiv, bis über den Taster S2 abgeschaltet wird. Nach Abschaltung kann der Motor wieder über S1 eingeschaltet werden.

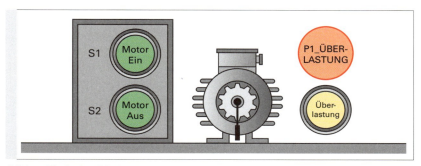

Bild 1: Einfache Motorsteuerung

Variante 1

Bei einer Überlastung des Motors (kann am Modell mit Schalter „Überlastung" manuell simuliert werden) soll dieser sofort abgeschaltet werden, der Leuchtmelder P1_ÜBERLASTUNG zeigt diese Überlastung an. Ist die Überlastung behoben (Schalter „Überlastung" erneut betätigen), so darf der Motor nicht selbständig erneut anlaufen. Ein erneuter Start darf nur über den Taster S1 erfolgen.

Variable im GRAFCET	Bedeutung
S1	Ein-Taster
S2	Aus-Taster
Überlastung	Schalter, um Überlastung am Motor zu simulieren
M1	Motor
P1_ÜBERLASTUNG	Leuchtmelder

 Erstellen Sie den GRAFCET und testen Sie dessen Funktion anschließend am Modell.

Variante 2

Der Leuchtmelder soll nun im Überlastungsfall mit 1 Hz blinken. Verwenden Sie hierfür die interne Variable „Takt". Erstellen Sie hierfür einen Teil-GRAFCET „G2_Taktgenerator", der die interne Variable „Takt" für 500 ms aktiviert und danach 500 ms lang deaktiviert.

Variable im GRAFCET	Bedeutung
S1	Ein-Taster
S2	Aus-Taster
Überlastung	Schalter, um Überlastung am Motor zu simulieren (Überlastung = 1 bzw. Überlastung = 0)
M1	Motor
P1_ÜBERLASTUNG	Leuchtmelder
Takt	Interne Variable

 Erstellen Sie den GRAFCET und testen Sie dessen Funktion anschließend am Modell.

5 Aufgaben
Aufgabe 2 Einfache Motorsteuerung

Der GRAFCET, Variante 1:

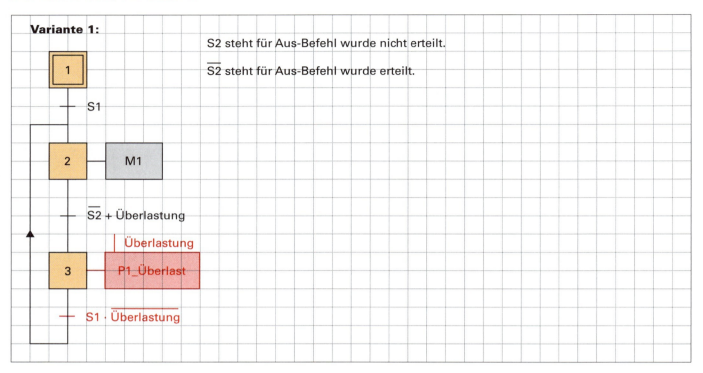

Der GRAFCET, Variante 2:

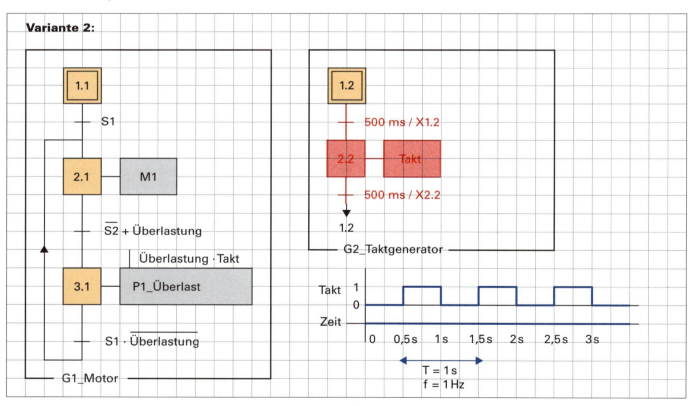

Hinweis: Die interne Variable „Takt" kann innerhalb eines SPS-Programmes oftmals durch einen Systemtakt ersetzt werden. In diesem Fall kann bei der Umsetzung des GRAFCETs in ein SPS-Programm auf die Programmierung des Teil-GRAFCETs G2_Taktgenerator komplett verzichtet werden.

5 Aufgaben
Aufgabe 3 Heizlüfter

Aufgabe 3 Heizlüfter

An einem Heizlüfter kann die gewünschte Raumtemperatur stufenlos (1) eingestellt werden.

Eine POWER-LED (2) zeigt an, dass das Gerät an das Netz angeschlossen und der Ein-Schalter S1 (4) betätigt ist.

Über einen Wahlschalter (3) können drei verschiedene Lüfterdrehzahlen (n1, n2, n3) eingestellt werden.

Über den Schalter S1 (4) wird der Heizlüfter eingeschaltet.
Zur besseren Verteilung der erhitzten Luft schwenkt der Lüfter ständig von links nach rechts und wieder zurück.

Die Heizleistung ist konstant. Die Heizwendel wird über einen Zweipunktregler geregelt (heizen/nicht heizen).

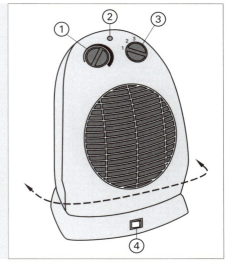

Bild 1: Heizlüfter

 Erstellen Sie den GRAFCET und unterscheiden Sie hierzu die verschiedenen Varianten.

Variante I:

Am Heizlüfter ist eine feste Raumtemperatur und eine feste Lüfterdrehzahl voreingestellt, beide werden nicht mehr verstellt. Das Hin- und Herschwenken zur Luftverteilung soll nicht berücksichtigt werden.

S1	Ein-Schalter
B1	Raumtemperatur erreicht
M1	Lüftermotor
P1	Power-LED
Hzg.	Heizwendel

Variante II:

Alle oben beschriebenen Einstellmöglichkeiten sollen verwendet werden, jedoch soll das Hin- und Herschwenken zur Luftverteilung auch hier nicht berücksichtigt werden. Sie müssen also Variante I um die drei Lüfterdrehzahlen ergänzen.

S1	Ein-Schalter
B1	Raumtemperatur erreicht
M1	Lüftermotor
P1	Power-LED
Hzg.	Heizwendel
n1	Drehzahl n1 gewählt
n2	Drehzahl n2 gewählt
n3	Drehzahl n3 gewählt

Variante III:

Wie Variante II, jedoch dreht sich (M2) der Heizlüfter nach links bis Anschlag (B2) und danach nach rechts bis Anschlag (B3), um den Luftstrom besser im Raum verteilen zu können.
Bei Erreichen der Temperatur (B1) werden alle Funktionen deaktiviert.

S1	Ein-Schalter
B1	Raumtemperatur erreicht
M1	Lüftermotor
P1	Power-LED
Hzg.	Heizwendel
n1	Drehzahl n1 gewählt
n2	Drehzahl n2 gewählt
n3	Drehzahl n3 gewählt
B2, B3	Endschalter für Schwenkbetrieb

5 Aufgaben
Aufgabe 3 Heizlüfter

Der GRAFCET, Variante 1:

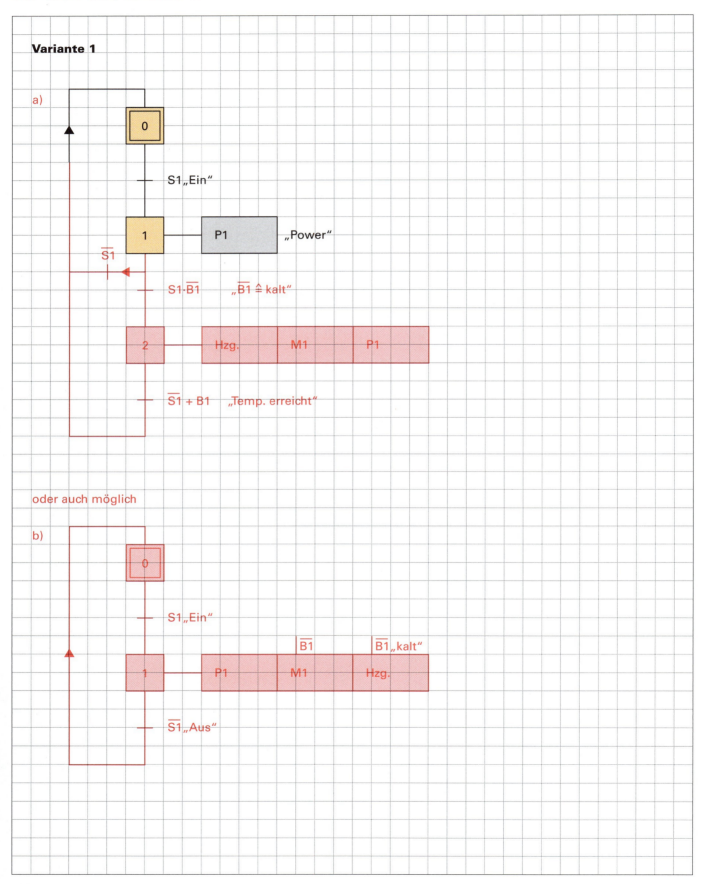

5 Aufgaben
Aufgabe 3 Heizlüfter

Der GRAFCET, Variante 2:

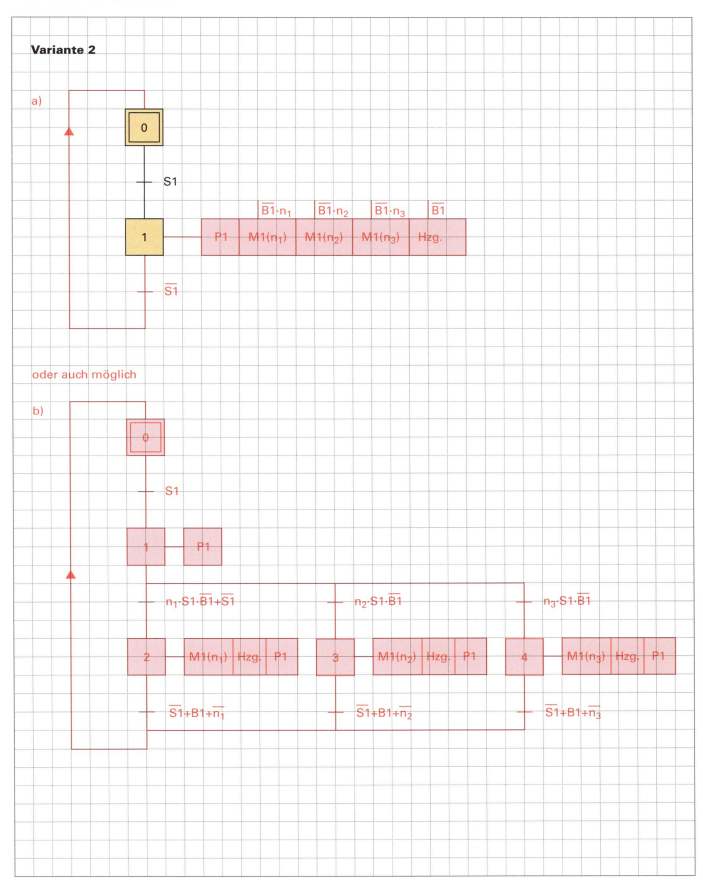

5 Aufgaben
Aufgabe 3 Heizlüfter

Der GRAFCET, Variante 3:

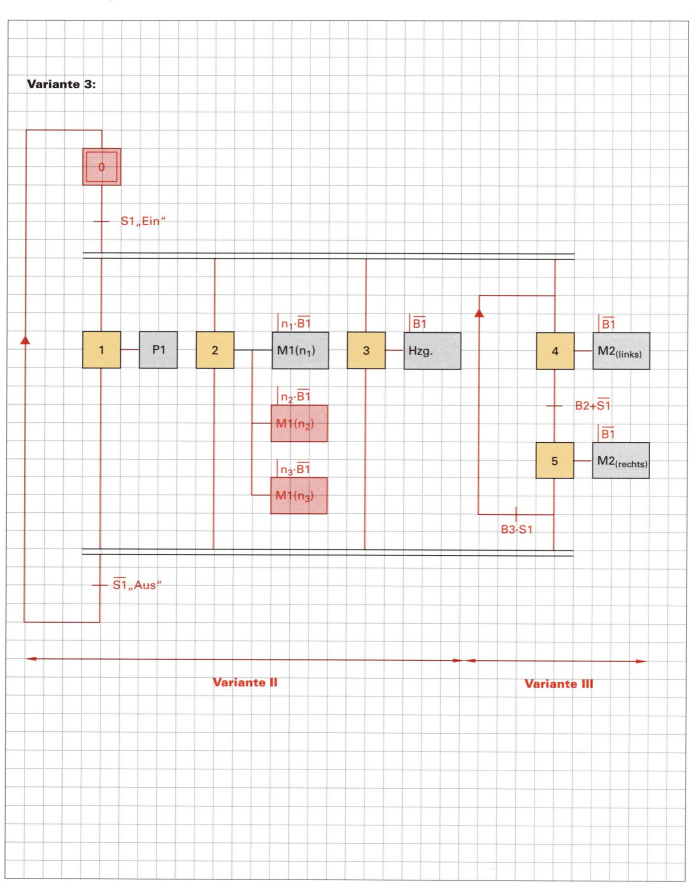

5 Aufgaben

Aufgabe 4 Stromstoßschaltung

Aufgabe 4 Stromstoßschaltung

Mittels einer Stromstoßschaltung kann man eine Lampe ein- und ausschalten. Es wird kein Schalter, sondern ein Taster verwendet, der ein Relais ansteuert, das bei jedem Stromimpuls seinen Schaltzustand von „Licht ein" über „Licht aus" zurück zu „Licht ein" ändert.
Mit jedem erneuten Betätigen des Tasters ändert sich also der Beleuchtungszustand der Lampe.

Erstellen Sie den GRAFCET.

Variable im GRAFCET	Bedeutung
S1	Taster
Lampe	Leuchte

Der GRAFCET:

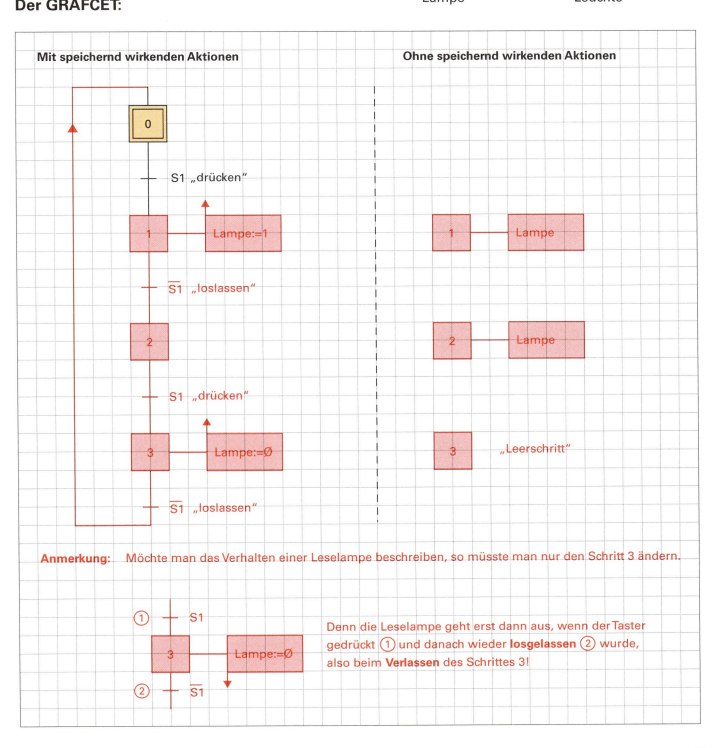

5 Aufgaben

Aufgabe 5 Waschmaschine

Aufgabe 5 Waschmaschine

Variante 1

An einer Waschmaschine startet der Waschvorgang, nachdem Taster S1 gedrückt und die Ladeklappe geschlossen wurde (B1). Nun wird Wasser (inkl. Waschmittel) eingelassen (Q1 öffnet hierzu). Ist genügend Wasser vorhanden (B2), wird es aufgeheizt, bis B3 „Temperatur erreicht" meldet. Jetzt wird die Wäsche mit niedriger Drehzahl 10 Minuten links- und 10 Minuten rechtsherum (Motor M1) vermengt. Die Temperatur wird währenddessen fortlaufend kontrolliert.

Sind die Drehbewegungen beendet, wird das Wasser abgepumpt (Pumpenmotor M2), bis die Waschmaschine restlos entleert ist (B4).

Während des kompletten Waschvorgangs ist die Ladeklappe verriegelt. Erst 3 Minuten, nachdem die Waschmaschine restlos entleert wurde, wird die Verriegelung freigegeben.

Ein Ausschalten des Waschvorgangs während des Betriebs soll hier nicht berücksichtigt werden.

Variante 2

Ergänzen Sie Variante 1 um folgende Funktion:

Der Bediener kann vor dem Leerpumpen der Maschine die Wäsche 5 Minuten lang schleudern (Taster S2) oder ohne Schleudern weiterverfahren (Taster S3). Während des Schleudervorgangs soll die Pumpe ebenfalls aktiv sein.

 Erstellen Sie den GRAFCET.

Variable im GRAFCET	Bedeutung
S1	Start
B1	Ladeklappe geschlossen
B2	Wasserstand voll erreicht
B3	Temperatur erreicht
B4	Wasser vollständig abgepumpt
Tür verriegeln	Ladeklappe wird verriegelt
$\overline{\text{Tür verriegeln}}$	Ladeklappe kann geöffnet werden, da nicht mehr verriegelt
Q1	Zulauf Wasser inkl. Waschmittel
M1 links	Wäschetrommel dreht linksherum
M1 rechts	Wäschetrommel dreht rechtsherum
Heizung	Wasser wird aufgeheizt
Waschmaschine leerpumpen	Waschmaschine wird leergepumpt
Schleudern	Wäschetrommel dreht mit Schleudergeschwindigkeit in eine Richtung

5 Aufgaben
Aufgabe 5 Waschmaschine

Der GRAFCET, Variante 1:

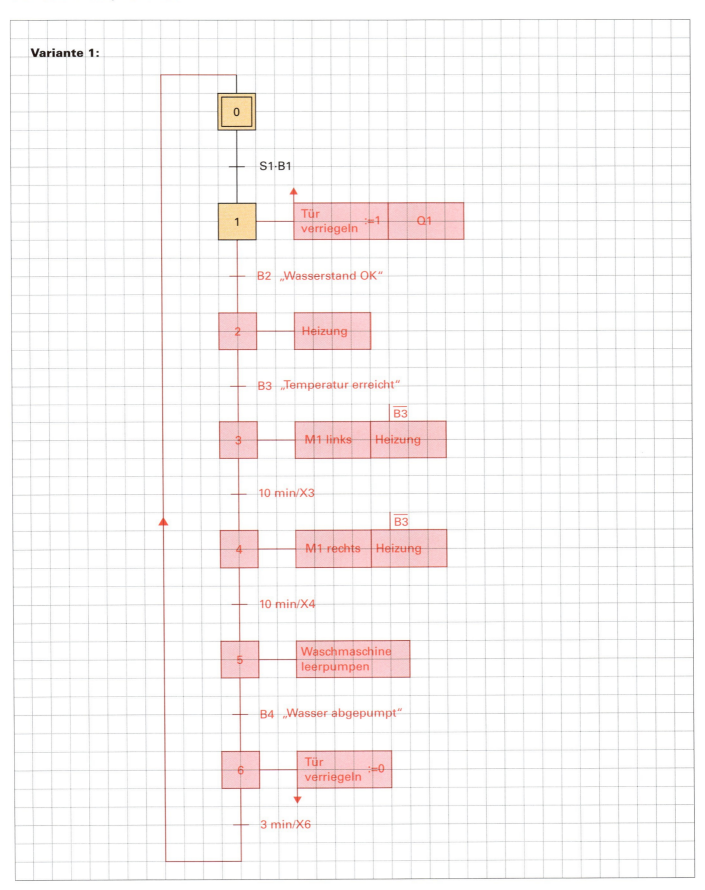

5 Aufgaben
Aufgabe 5 Waschmaschine

Der GRAFCET, Variante 2:

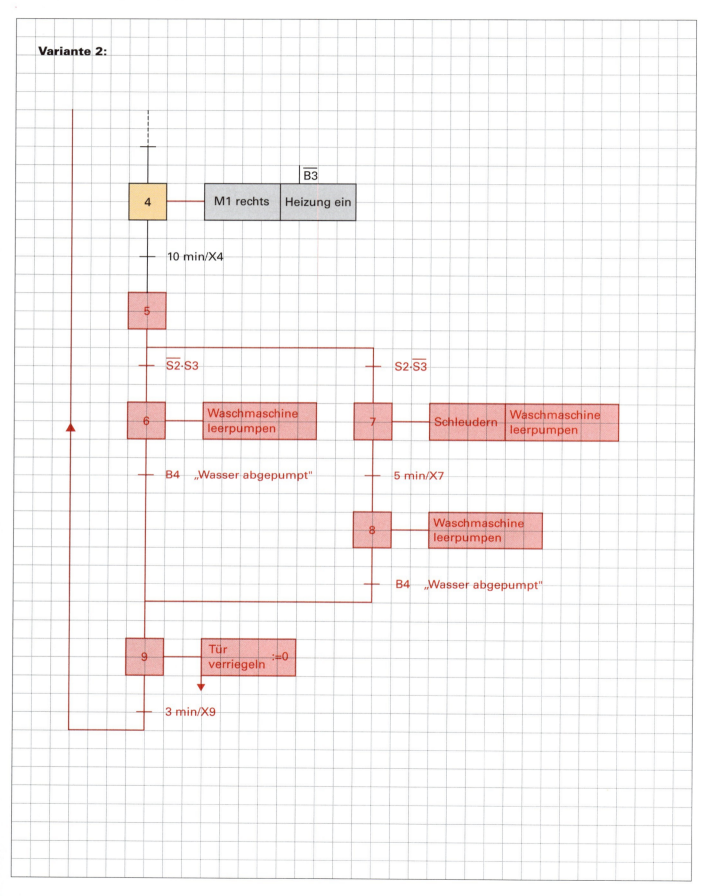

5 Aufgaben
Aufgabe 6 Blinklicht

Aufgabe 6 Blinklicht

Mit dem Taster S1 soll das Blinklicht „P1" gestartet und mit dem Taster S2 wieder gestoppt werden. Die Hellphase der Lampe soll 1 s, die Dunkelphase 0,5 s betragen.

 Erstellen Sie den GRAFCET, und setzen Sie diesen in ein ablauffähiges SPS-Programm um.

Variable im GRAFCET	Bedeutung
S1	Taster Blinklicht Start
S2	Taster Blinklicht Stopp, S2=Stopp
P1	Leuchte

Anmerkung:
In der Praxis ist zur Realiserung eines Blinklichts nicht zwangsläufig ein GRAFCET nötig, zudem kann die Funktion eines Blinklichts durch sehr viele verschiedenartige GRAFCETs realisiert werden.
Jedoch stellt dies eine sehr gute Übung dar.

Der GRAFCET:

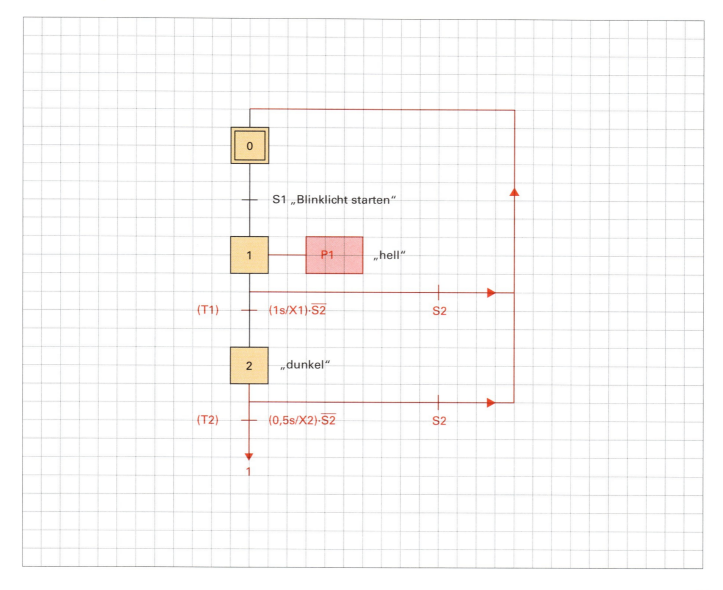

5 Aufgaben
Aufgabe 7 Wendeschützschaltung

Aufgabe 7 Wendeschützschaltung

Ein Dreiphasen-Asynchronmotor soll im Rechts- und Linkslauf arbeiten können. Die Drehrichtungsumkehr soll im laufenden Betrieb möglich sein, ein vorheriges Abschalten des Motors ist also nicht notwendig.
Die Lampe P1 soll leuchten, wenn das Motorschutzrelais nicht ausgelöst hat und der Stopp-Taster nicht betätigt ist.

Erstellen Sie den GRAFCET und setzen Sie diesen in ein ablauffähiges SPS-Programm um.

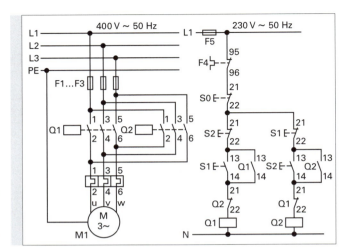

Bild 1: Wendeschützschaltung

Variable im GRAFCET	Bedeutung
S0	Taster aus, $\overline{S0}$ = Befehl aus
S1	Taster Rechtslauf
S2	Taster Linkslauf
F4	Motorschutz, F4 steht für nicht ausgelöst
P1	Leuchte startklar
P2	Leuchte Rechtslauf
P3	Leuchte Linkslauf
Q1	Schütz Rechtslauf
Q2	Schütz Linkslauf

Der GRAFCET:

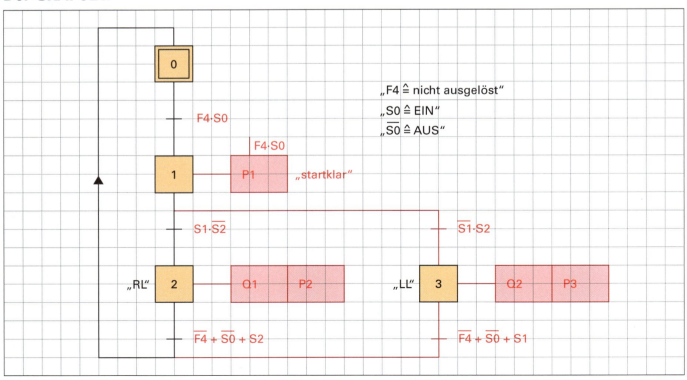

5 Aufgaben
Aufgabe 8 Schranke

Aufgabe 8 Schranke

Variante 1

Ist die Schranke geschlossen (Sensor B1=1), so öffnet sich die Schranke nach Betätigung des Tasters S1. Ist die Schranke komplett geöffnet (Sensor B2=1), wird der Motor M1 abgeschaltet. Wird der Taster S1 nun erneut betätigt, schließt die Schranke. Der Leuchtmelder P1 wird hier in der Variante 1 nicht verwendet.

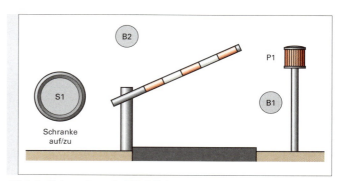

Bild 1: Schranke mit Blinklicht

Variable im GRAFCET	Bedeutung
S1_Schranke_auf_zu	Taste S1 für Schrankenbewegung
B1	Endlagensensor, Schranke komplett geschlossen
B2	Endlagensensor, Schranke komplett geöffnet
M1_Schranke_heben	Motor M1 hebt die Schranke an
M1_Schranke_senken	Motor M1 senkt die Schranke ab

 Erstellen Sie den GRAFCET und testen Sie dessen Funktion anschließend am Modell.

Variante 2

Ist die Schranke geschlossen (Sensor B1 = 1), so öffnet sich die Schranke nach Betätigung des Tasters S1. Ist die Schranke komplett geöffnet (Sensor B2 = 1), wird der Motor M1 abgeschaltet. Wird der Taster S1 nun erneut betätigt, blinkt der Leuchtmelder P1 aus Sicherheitsgründen dreimal auf (2 Hz), bevor sich die Schranke schließt. Der Leuchtmelder P1 blinkt während der kompletten Abwärtsbewegung der Schranke mit einer Frequenz von 2 Hz.

Variable im GRAFCET	Bedeutung
S1_Schranke_auf_zu	Taste S1 für Schrankenbewegung
B1	Endlagensensor, Schranke komplett geschlossen
B2	Endlagensensor, Schranke komplett geöffnet
M1_Schranke_heben	Motor M1 hebt die Schranke an
M1_Schranke_senken	Motor M1 senkt die Schranke ab
P1	Leuchtmelder als Blinklicht

Hinweis: In der hier gezeigten Programmlösung wurde auf eine interne Variable „Takt" verzichtet. Der Leuchtmelder P1 wird hier direkt blinkend angesteuert.

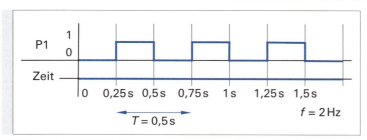

Bild 2: P1 als Blinklicht

 Erstellen Sie den GRAFCET und testen Sie dessen Funktion anschließend am Modell.

5 Aufgaben
Aufgabe 8 Schranke

Der GRAFCET, Variante 1:

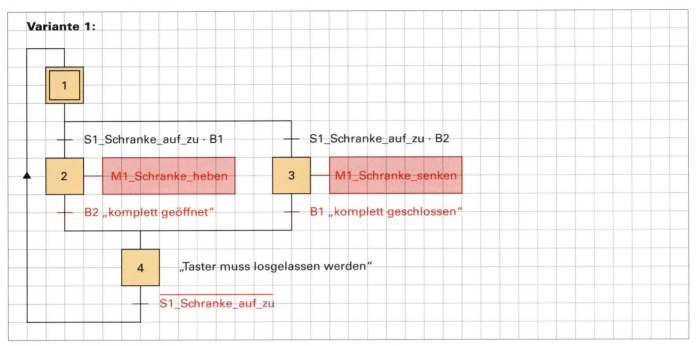

Der GRAFCET, Variante 2:

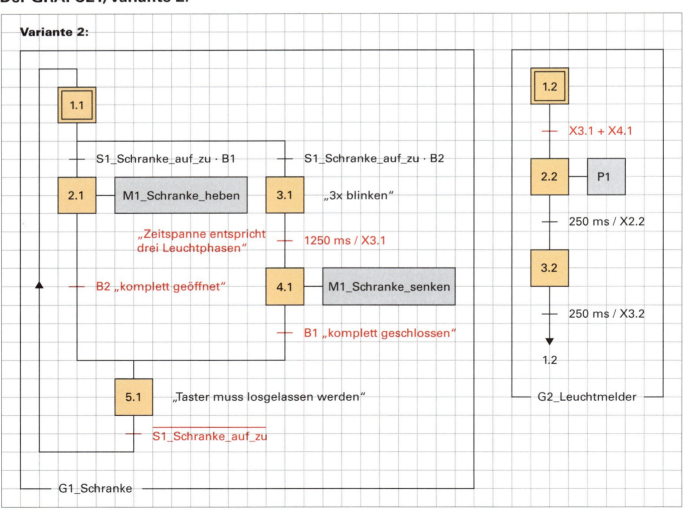

5 Aufgaben
Aufgabe 9 Totmannschalter Lokführer

Aufgabe 9 Totmannschalter Lokführer

Mit dem Schalter S0 wird die Anlage aktiviert.

Der Lokführer muss alle 30 Sekunden einen Taster S1 betätigen, um zu signalisieren, dass er noch wach ist (1 s Pause zwischen den Anforderungen).

Bleibt diese Aktion aus, gibt das System für 2,5 s eine optische und danach zusätzlich eine akustische Warnung aus.

Wird diese Warnung weitere 3 s lang ignoriert (S1 wird also nicht betätigt), geht das System davon aus, dass der Lokführer nicht mehr handlungsfähig ist und führt automatisch eine Zwangsbremsung aus, um das Fahrzeug zum Stillstand zu bringen.

Um die Zwangsbremsung zu beenden, muss der Lokführer den Taster „Quittierung" betätigen und den Schalter S0 auf die Stellung „Aus" drehen.

Um die Anlage danach wieder in Betrieb nehmen zu können, muss S0 erneut auf „Ein" gestellt werden.

 Erstellen Sie den GRAFCET und setzen Sie diesen in ein ablauffähiges SPS-Programm um.

Variable im GRAFCET	Bedeutung
S0	Wahlschalter Anlage aus/ein, S0 steht für Anlage ein
S1	Kontroll-Taster
S2	Taster Linkslauf
Quittierung	Taster Quittierung
Warnung_optisch	Dauerlicht optische Warnung
Warnung_akustisch	Hupe
Zwangsbremsung	Zug wird unverzüglich angehalten

5 Aufgaben
Aufgabe 9 Totmannschalter Lokführer

Der GRAFCET:

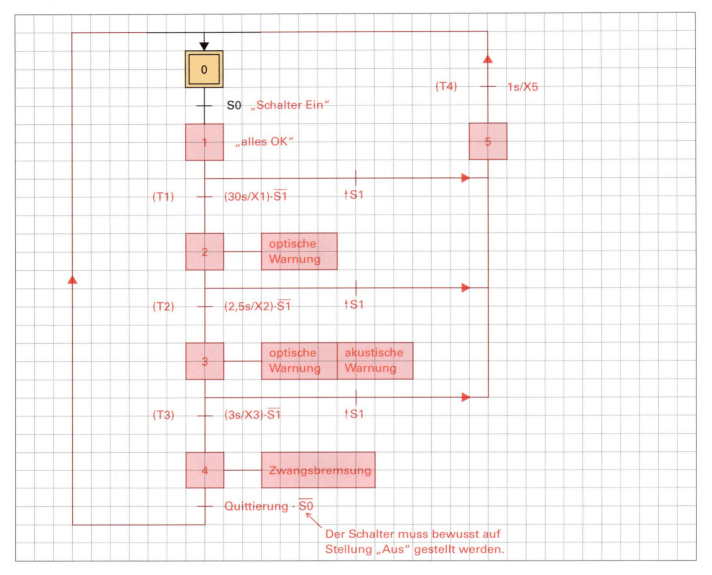

5 Aufgaben
Aufgabe 10 Ampelsteuerung

Aufgabe 10 Ampelsteuerung

Die Verkehrsampeln sind wie üblich mit roten, gelben und grünen Signalleuchten ausgestattet.
Die Fußgängerampeln haben jeweils eine grüne und rote Signalleuchte sowie einen Taster („GA"), um Grün für die Fußgänger anzufordern.
Um eine Gefährdung der Fußgänger und der Autofahrer auszuschließen, müssen folgende **Anforderungen** berücksichtigt werden:

Voreinstellung:

Nach Beendigung der Fußgängerphase erhalten die Autos immer mind. 5 Sekunden lang Grünsignal. Erst nach Ablauf dieser 5 Sekunden leuchtet daher P1 „Bitte drücken". Erst jetzt kann der Befehl GA (Grünanforderung) wirksam werden.

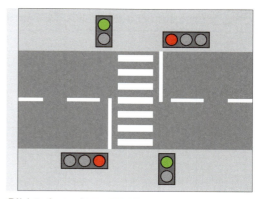

Bild 1: Ampelsteuerung

Steuerungsablauf:

Erhält das Programm durch das Drücken des Tasters (GA) die Aufforderung, die Fußgängerampel auf Grün zu schalten, so schaltet es die Verkehrsampel nach 5 Sekunden von Grün über Gelb (Gelbphase: 3 Sekunden) auf Rot (Rotphase dauert 16 Sekunden). Die Einleitung des Grünsignals „Fuß_grün" wird durch P2 „Signal kommt" angezeigt.
Eine Sekunde nach Beginn der Rotphase der Autos beginnt die Grünphase für den Fußgängerverkehr, diese soll 10 Sekunden dauern.
Sobald die Grünphase für den Fußgängerverkehr beendet ist, soll die Fußgängerampel auf Rot umschalten.
5 Sekunden später startet die Rot-/Gelbphase für den Autoverkehr, diese dauert 3 Sekunden.
Die Verzögerung für die nächste Grünanforderung für die Fußgänger soll wieder 5 Sekunden betragen.

Variable im GRAFCET	Bedeutung
GA	Taster für Grünanforderung
P1	Anzeige, um Grünanforderung zu tätigen
Fuß_grün, Fuß_rot	Signallampen der Fußgängerampeln
Auto_grün, Auto_gelb, Auto_rot	Signallampen der Autoampeln

 Ergänzen Sie den Signalverlauf, um den Programmablauf zu verdeutlichen:

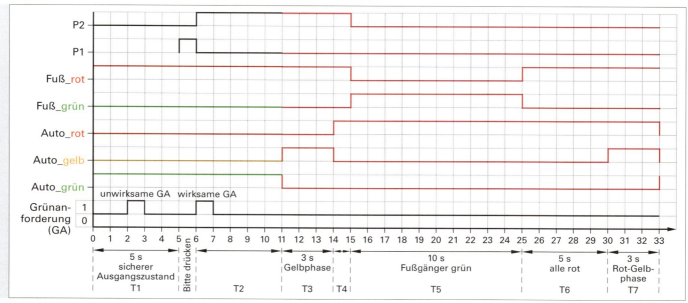

Bild 2: Signalverläufe

5 Aufgaben
Aufgabe 10 Ampelsteuerung

Erstellen Sie den GRAFCET und setzen Sie diesen in ein ablauffähiges SPS-Programm um.

Der GRAFCET:

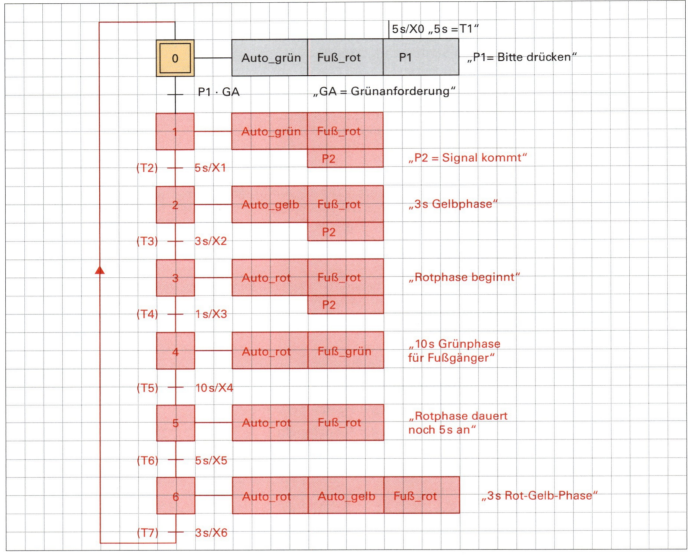

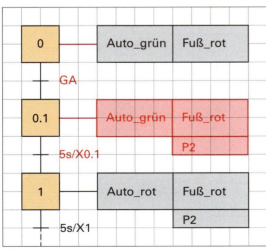

Wie verändert sich der GRAFCET, wenn die Aufforderung „Bitte drücken bzw. bitte berühren" nicht durch eine Signallampe, sondern, wie im Bild zu sehen, ständig wirksam ist? Es soll ebenso sichergestellt sein, dass der sichere Ausgangszustand (Auto_grün, Fuß_rot) mindestens für 5 s vorhanden ist.

Grafcet zur neuen Aufgabenstellung

5 Aufgaben
Aufgabe 11 Folgeschaltung mit drei Förderbändern

Aufgabe 11 Folgeschaltung mit drei Förderbändern

Schüttgut, das aus einer Rohrleitung kommt, soll über drei Förderbänder zu einem Auffangbehälter befördert werden. Damit es zu keinem Materialstau auf den Bändern kommen kann, lassen sich die Bänder durch einzelne Taster nur in der Reihenfolge Band 1, Band 2 und dann Band 3 einschalten. Mit dem Einschalten von Band 3 öffnet sich gleichzeitig das Ventil Q1 und das Schüttgut gelangt auf Band 3.

Mit dem Wahlschalter S0 kann zwischen „Ein" und „Aus" gewählt werden.

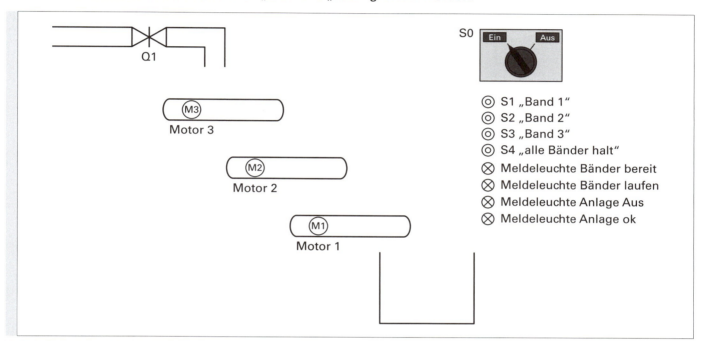

Bild 1: Drei Förderbänder in Folgeschaltung

Variable im GRAFCET	Bedeutung
S0	Wahlschalter, S0 steht für ein, $\overline{S0}$ steht für aus
S1	Taster Band 1
S2	Taster Band 2
S3	Taster Band 3
S4	Taster alle Bänder halt, $\overline{S4}$ steht für Befehl halt
Meldeleuchte Bänder laufen	Anzeige, dass mind. ein Band aktiv ist
Meldeleuchte Bänder bereit	Anzeige, wenn alle Bänder stehen und zum Start bereit sind
Meldeleuchte Anlage ok	Anzeige, wenn kein Aus-Befehl aktiv ist
Meldeleuchte Aus	Anzeige, dass Aus-Befehl aktiv
Q1	Ventil für Schüttgut
Motor1, Motor 2, Motor 3	Motoren der drei Bänder

 Erstellen Sie den GRAFCET unter Verwendung eines zwangssteuernden Befehls.

Lösungshinweise:
- Der zwangssteuernde GRAFCET G1 beinhaltet die Meldeleuchte „Anlage ok" und die Meldeleuchte „Aus". Zusätzlich besitzt er den zwangssteuernden Befehl „G2 {Init}".
- Der zwangsgesteuerte GRAFCET G2 besitzt alle übrigen Aktionen.

5 Aufgaben
Aufgabe 11 Folgeschaltung mit drei Förderbändern

Der GRAFCET:

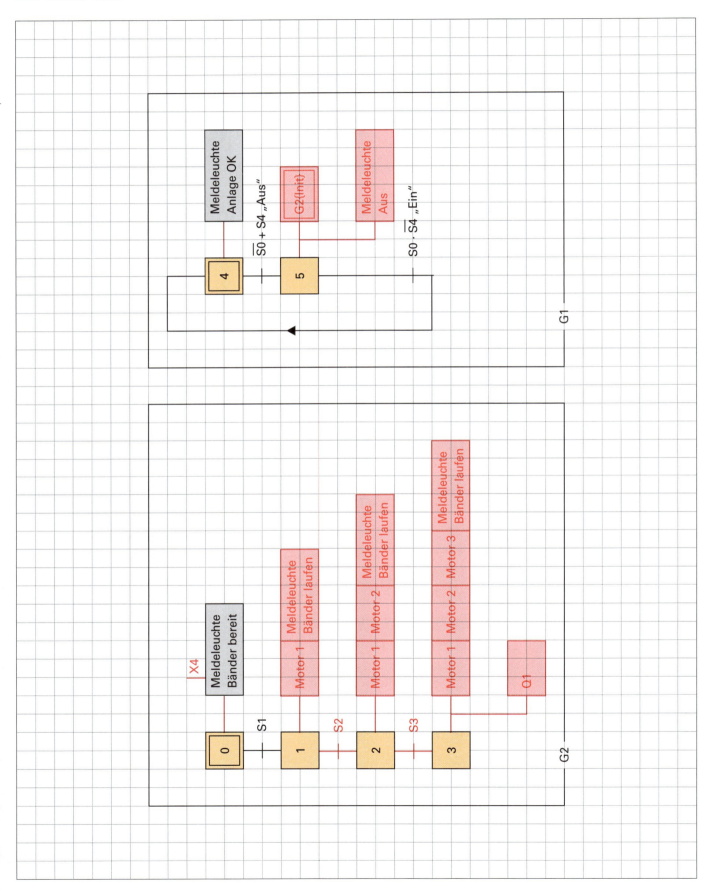

5 Aufgaben
Aufgabe 12 Stern-Dreieck-Anlauf (automatische Umschaltung)

Aufgabe 12 Stern-Dreieck-Anlauf (automatische Umschaltung)

Zur Anlaufstrombegrenzung soll ein Drehstrommotor im Sternbetrieb anlaufen und nach 2 s automatisch in den Dreieckbetrieb umgeschaltet werden.

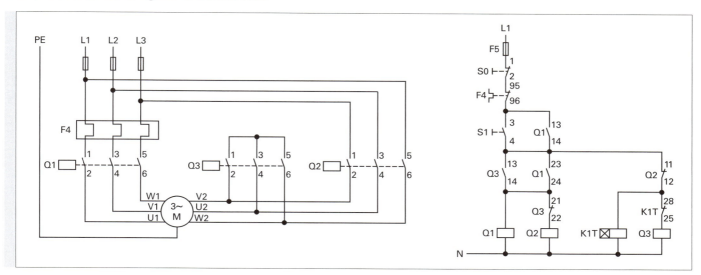

Bild 1: Stern-Dreieck-Schaltung, automatisch

Da hier der GRAFCET zur Erstellung eines SPS-Programms dient, soll der GRAFCET nicht anlagenneutral, sondern exakt auf Ihre Steuerung zugeschnitten werden.

Variante 1
Die Abschaltbedingungen werden nur einmal zu Beginn des Steuerungsablaufs abgefragt.

Variante 2
Die Abschaltbedingungen führen immer zur Abschaltung des Motors, werden also ständig abgefragt.

Variante 3
Wie Variante 2, jedoch soll der GRAFCET mithilfe von zwangssteuernden Befehlen erstellt werden.

 Erstellen Sie für die verschiedenen Varianten die GRAFCETs und setzen Sie diese in ablauffähige SPS-Programme um.

Variable im GRAFCET	Bedeutung
S0	Taster aus, S0 steht für ein, $\overline{S0}$ steht für aus
S1	Taster Start
F4	Motorschutzrelais, $\overline{F4}$ steht für aus
Q1	Netzschütz
Q2	Dreieckschütz
Q3	Sternschütz

5 Aufgaben
Aufgabe 12 Stern-Dreieck-Anlauf (automatische Umschaltung)

Der GRAFCET, Variante 1:

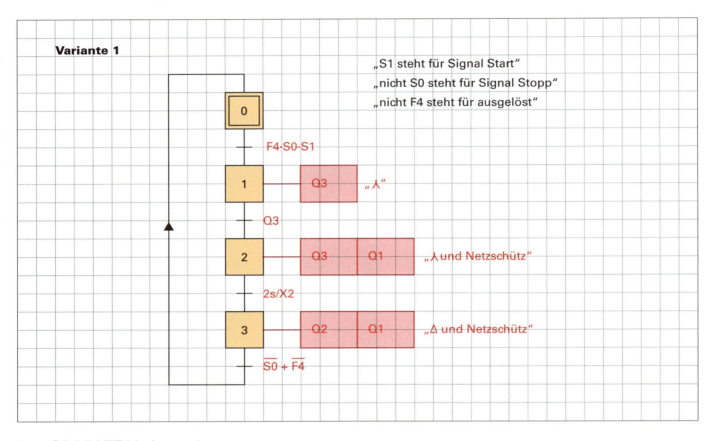

Der GRAFCET, Variante 2:

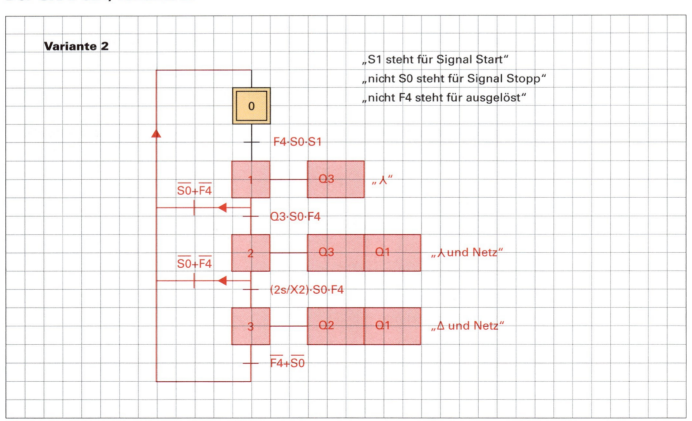

5 Aufgaben
Aufgabe 12 Stern-Dreieck-Anlauf (automatische Umschaltung)

Der GRAFCET, Variante 3:

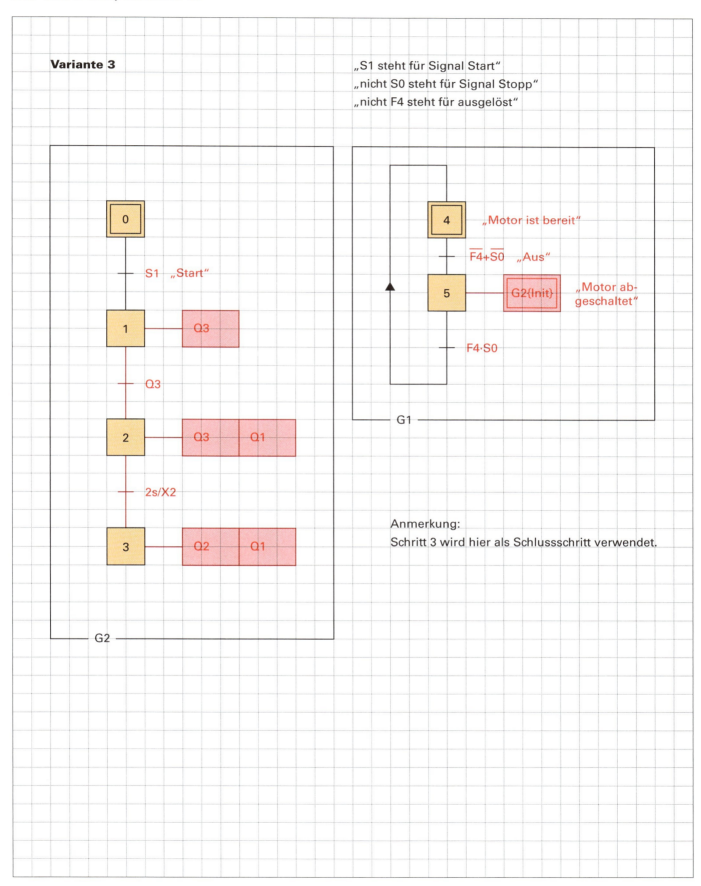

5 Aufgaben

Aufgabe 13 Stern-Dreieck-Anlauf mit zwei Drehrichtungen (automatische Umschaltung)

Aufgabe 13 Stern-Dreieck-Anlauf mit zwei Drehrichtungen (automatische Umschaltung)

Zur Anlaufstrombegrenzung soll ein Drehstrommotor im Sternbetrieb anlaufen und nach 2 s automatisch in den Dreieckbetrieb umgeschaltet werden. Zusätzlich soll der Bediener die Wahl zwischen Rechtslauf und Linkslauf haben.

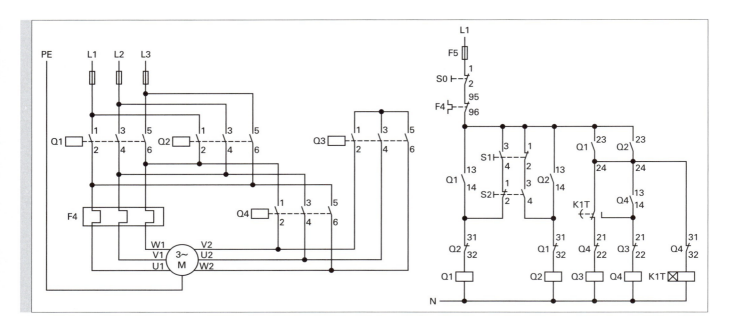

Bild 1: Stern-Dreieckschaltung, automatisch

Wie im Stromlaufplan erkennbar ist, soll die Drehrichtungsumschaltung nur möglich sein, wenn vorher abgeschaltet wurde.

Da hier der GRAFCET zur Erstellung eines SPS-Programms dient, soll der GRAFCET nicht anlagenneutral, sondern exakt auf Ihre Steuerung zugeschnitten werden.

 Erstellen Sie den GRAFCET und setzen Sie diesen in ein ablauffähiges SPS-Programm um.

Variable im GRAFCET	Bedeutung
S0	Taster aus, S0 steht für ein, $\overline{S0}$ steht für aus
S1	Taster Rechtslauf
S2	Taster Linkslauf
F4	Motorschutzrelais, $\overline{F4}$ steht für aus
Q1	Netzschütz Rechtslauf
Q2	Netzschütz Linkslauf
Q3	Sternschütz
Q4	Dreieckschütz

5 Aufgaben
Aufgabe 13 Stern-Dreieck-Anlauf mit zwei Drehrichtungen (automatische Umschaltung)

Der GRAFCET:

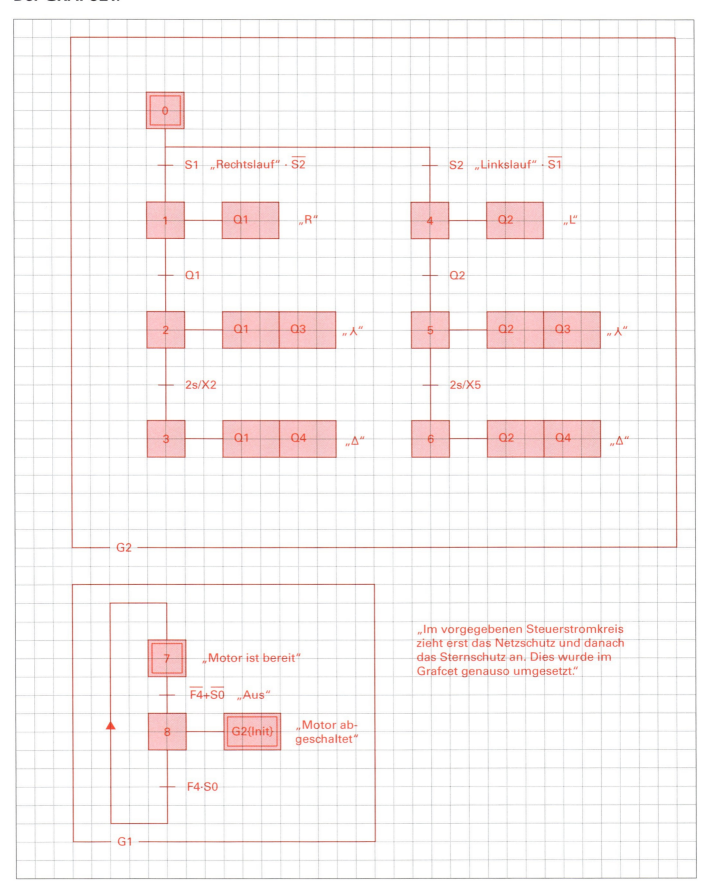

5 Aufgaben

Aufgabe 14 Abfüllanlage

Nebenstehende Anlage befüllt ein Fass, um es danach zur Entnahmestation zu befördern.

Version 1

Nach Betätigung des Tasters St.Ein startet der Band-Motor, der Leuchtmelder RUN zeigt den eingeschalteten Zustand der Anlage an. Wird nun ein neues Fass angefordert, wird dieses bis zum Sensor B1 befördert, der Band-Motor stoppt. Über die Pumpe wird das Fass gefüllt, Sensor B2 meldet Füllstand erreicht. Nun wird das volle Fass bis zur Entnahmestelle befördert, Sensor B3 erkennt das angekommene Fass. Da der Band-Motor weiterhin in Betrieb bleibt, wird ein neu angefordertes Fass nun sofort bis zum Sensor B1 befördert, der Prozess wiederholt sich. Nach Betätigung des Tasters St.Aus werden alle Aktionen beendet. Nach erneuter Betätigung von St.Ein wird das Fass in seinem aktuellen Füllzustand bis zur Entnahmestelle transportiert, d.h. es kommt dort evtl. unvollständig gefüllt an. Um das nächste Fass befüllen zu können, muss nun der Taster St.Ein betätigt werden.

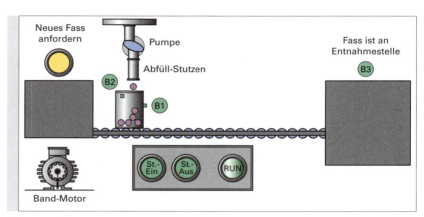

Bild 1: Abfüllanlage

Variable im GRAFCET	Bedeutung
St.Ein	Taster Anlage ein
St.Aus	Taster Anlage pausieren bzw. stopp (St.Aus steht für Aus-Befehl)
B1	Sensor Fass in Abfüllposition
B2	Sensor Fass aufgefüllt
B3	Sensor Fass an Entnahmestelle
Pumpe	Pumpe, um Fass zu füllen
Band	Motor für Bandtransport
Anzeige_RUN	Leuchtmelder für Betriebszustand

 Erstellen Sie den GRAFCET und testen Sie dessen Funktion anschließend am Modell.

Version 2

Nach Betätigung des Tasters St.Aus pausieren nun alle Aktionen, der Leuchtmelder RUN erlischt. Erst nach erneuter Betätigung des Tasters St.Ein setzt die Anlage ihren Bearbeitungszyklus von der Stelle aus fort, an der vorher pausiert wurde.

Hinweis: Eine Lösungsmöglichkeit besteht darin, eine interne Variable „Pause" zu erzeugen, welche als Zuweisungsbedingung an die bestehenden kontinuierlich wirkenden Aktionen angebracht werden.

 Erstellen Sie den GRAFCET und testen Sie dessen Funktion anschließend am Modell.

Version 3

Aus Energiespargründen soll die Version 2 um folgende Funktion erweitert werden: Wird 10 s lang kein Fass transportiert, so soll der Band-Motor automatisch abgeschaltet werden. Um nun ein neues Fass abfüllen zu können, muss der Taster St.Ein erneut betätigt werden.

Hinweis: Eine Lösungsmöglichkeit besteht darin, über eine Alternativverzweigung einen Leerschritt „Energie sparen" zu aktivieren.

 Erstellen Sie den GRAFCET und testen Sie dessen Funktion anschließend am Modell.

5 Aufgaben
Aufgabe 14 Abfüllanlage

Der GRAFCET, Variante 1:

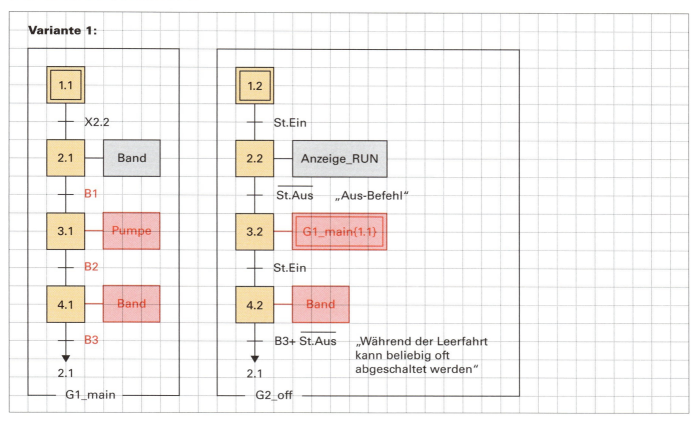

Der GRAFCET, Variante 2:

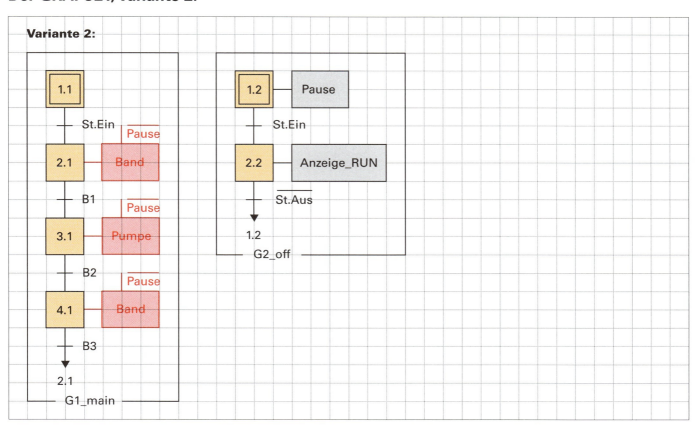

5 Aufgaben
Aufgabe 14 Abfüllanlage

Der GRAFCET, Variante 3:

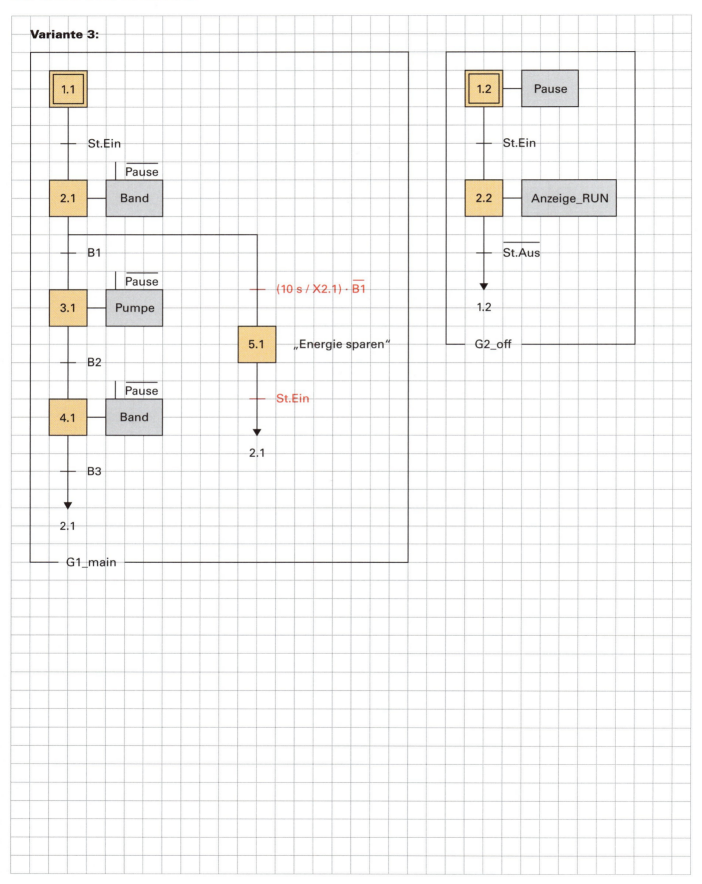

5 Aufgaben
Aufgabe 15 Poliermaschine

Aufgabe 15 Poliermaschine

An abgebildeter Anlage können Werkstücke poliert werden. Die Anzahl der Poliervorgänge kann in einem Bereich von 1 bis 10 vom Anlagenbediener über einen Schieberegler vorgewählt werden. Für einen Poliervorgang fährt die Kolbenstange aus und wieder ein. Die Endlagen der Kolbenstange werden über die Sensoren B1 und B2 erfasst.
Nach Betätigung des Tasters S1 (Start) wird die vorgewählte Anzahl an Poliervorgängen absolviert, danach leuchtet der Leuchtmelder P1 (Zyklus beendet). Der Anlagenbediener muss nun eine Sichtprüfung vornehmen und diese über den Taster S2 bestätigen. Danach kann der nächste Poliervorgang mit S1 gestartet werden.

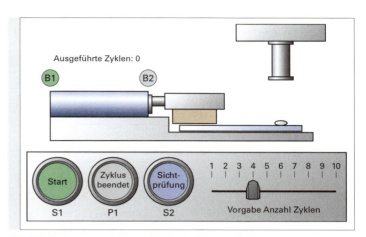

Bild 1: Poliermaschine mit einstellbaren Polierzyklen

> **Hinweis:** Das Poliermittel wird automatisch aufgetragen, dies muss im GRAFCET nicht berücksichtigt werden.

Variante 1

Erstellen Sie nur einen GRAFCET, verwenden Sie beispielsweise eine Rückführung, um mehrere Poliervorgänge realisieren zu können.

Variable im GRAFCET	Bedeutung
S1	Taster Poliervorgang starten
S2	Taster Sichtprüfung bestätigen
Zyklen_to_do	In dieser Variablen steht automatisch die gewünschte Anzahl der Polierzyklen (eingestellt am Schieberegler)
Zyklen_done	In dieser Variablen sollen Sie die absolvierten Polierzyklen hinterlegen.
B1	Endlagensensor, Kolbenstange eingefahren
B2	Endlagensensor, Kolbenstange ausgefahren
Kolbenstange_vor	Kolbenstange_vor=1 für Ausfahrbewegung, Ansteuerung über federrückgestelltes Ventil → Kolbenstange_vor=0 für Einfahrbewegung

> **Hinweis:** Es müssen nun zwei Variablen vom Typ Integer (Zyklen_to_do und Zyklen_done) miteinander verglichen werden. Da diese beiden Werte **keine boolschen** Werte sind, muss die Vergleichsabfrage in eckige Klammern geschrieben werden. Eine Vergleichsabfrage könnte demnach so aussehen:
> [Variable_1<Variable_2]. Den Aussagen innerhalb der eckigen Klammern werden dann wieder logische Zustände wie „erfüllt" bzw. „nicht erfüllt" zugewiesen, wodurch die eckige Klammer selbst den boolschen Zustand true oder false annimmt.

Siehe hierzu auch **Punkt 7 im Glossar** auf der vorletzten Seite des Arbeitsheftes.

 Erstellen Sie den GRAFCET und testen Sie dessen Funktion anschließend am Modell.

Variante 2

Erstellen Sie eine alternative Lösung mit zwei Teil-GRAFCETs G1_Main und G2_Zählen. Der Teil-GRAFCET G2_Zählen soll als Einschließung eines einschließenden Schrittes erstellt werden.

> **Hinweis:** Der einschließende Schritt wird in Kapitel 3.2 erklärt.

 Erstellen Sie den GRAFCET und testen Sie dessen Funktion anschließend am Modell.

5 Aufgaben
Aufgabe 15 Poliermaschine

Der GRAFCET, Variante 1:

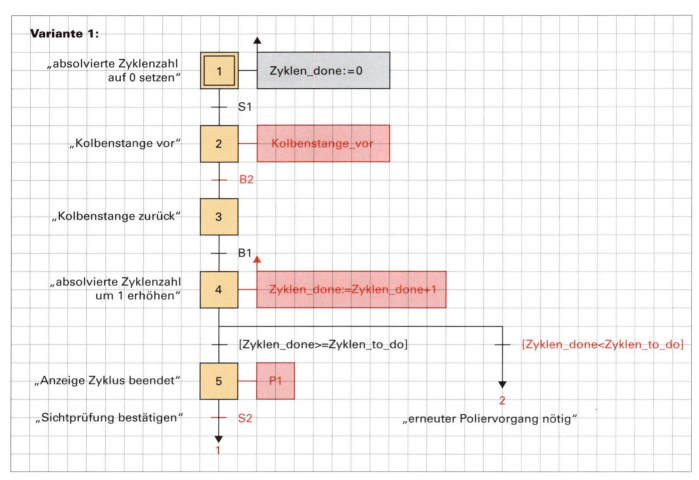

Der GRAFCET, Variante 2:

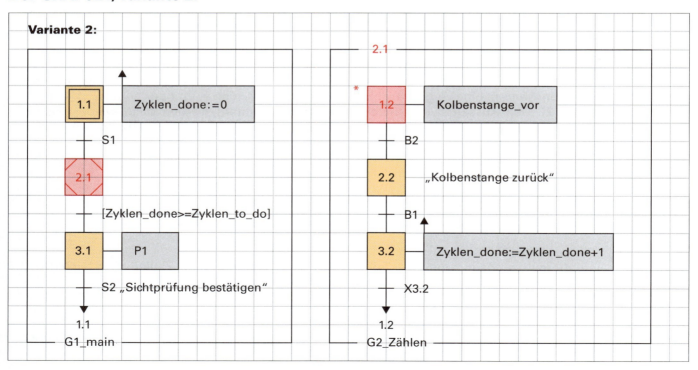

5 Aufgaben
Aufgabe 16 Lauflicht

Aufgabe 16 Lauflicht

Dieses Beispiel soll zeigen, wie man durch einschließende Schritte verschiedene Betriebsarten (hier Handbetrieb und Automatikbetrieb) realisieren kann.
Vier Lampen (P0 bis P3) sollen nacheinander aufleuchten.
Handbetrieb: Um die einzelnen Lampen nacheinander aufleuchten zu lassen, muss der Taster S3_hand immer wieder betätigt werden.
S3_hand betätigen → P0 leuchtet, S3_hand betätigen → P1 leuchtet,
S3_hand betätigen → P2 leuchtet, S3_hand betätigen → P3 leuchtet,
S3_hand betätigen → P0 leuchtet usw.
Wird während des Handbetriebs der AUS-Taster S2_aus betätigt, so wird der Handbetrieb verlassen, keine Lampe leuchtet mehr.
Automatikbetrieb: Wird Taster S1_auto einmal betätigt, so läuft ab nun der Automatikbetrieb ab. Dies hat zur Folge, dass die Lampe P0 sofort leuchtet. Im Abstand von jeweils 1s leuchten nacheinander alle weiteren Lampen auf.
Dieses „Lauflicht" läuft nun so lange im 1s Rhythmus weiter, bis durch den Taster S2_aus abgeschaltet wird, nun leuchtet keine Lampe mehr. Ein direktes Umschalten zwischen Hand- und Automatikbetrieb soll nicht möglich sein (sog. Nullzwang).

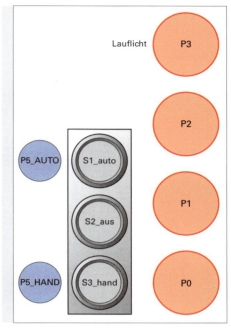

Bild 1: Lauflicht

Variante 1

Verwenden Sie für jede Betriebsart einen eigenen einschließenden Schritt.

 Erstellen Sie den GRAFCET und testen Sie dessen Funktion anschließend am Modell.

Variante 2

Die Lösung der zweiten Variante besteht aus vier Teil-GRAFCETs:
G1_Auto beschreibt den Automatikablauf, G2_Manuell beschreibt den manuellen Ablauf, G3_Betriebsarten aktiviert G1_Auto bzw. G2_Hand. Der vierte Teil-GRAFCET G4_Abschaltung verarbeitet den AUS-Befehl des Tasters S2_aus mithilfe eines zwangssteuernden Befehls.

 Erstellen Sie den GRAFCET und testen Sie dessen Funktion anschließend am Modell.

Variante 3

Verändern Sie Variante 1 so, dass eine direkte Umschaltung zwischen Hand- und Automatikbetrieb möglich ist.

 Erstellen Sie den GRAFCET und testen Sie dessen Funktion anschließend am Modell.

Variable im GRAFCET	Bedeutung
S1_auto	Taster Automatikbetrieb
S2_aus	Taster Stopp, S2 = Stopp
S3_hand	Taster Handbetrieb
P0 bis P3	Lampen des Lauflichts
P4_Hand	Anzeige für Handbetrieb
P5_Auto	Anzeige für Automatikbetrieb

5 Aufgaben
Aufgabe 16 Lauflicht

Der GRAFCET, Variante 1:

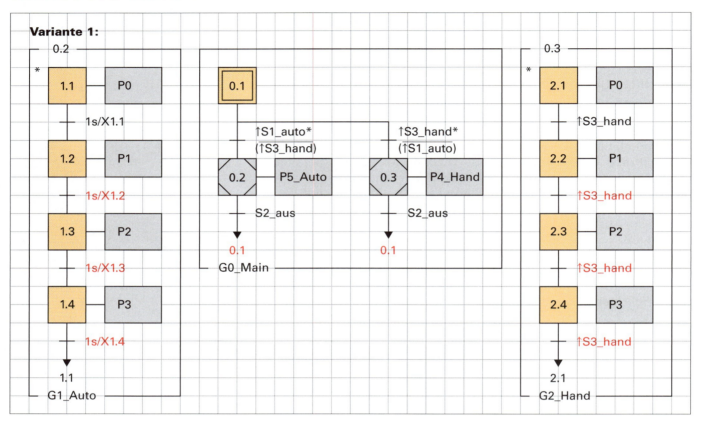

5 Aufgaben
Aufgabe 16 Lauflicht

Der GRAFCET, Variante 2:

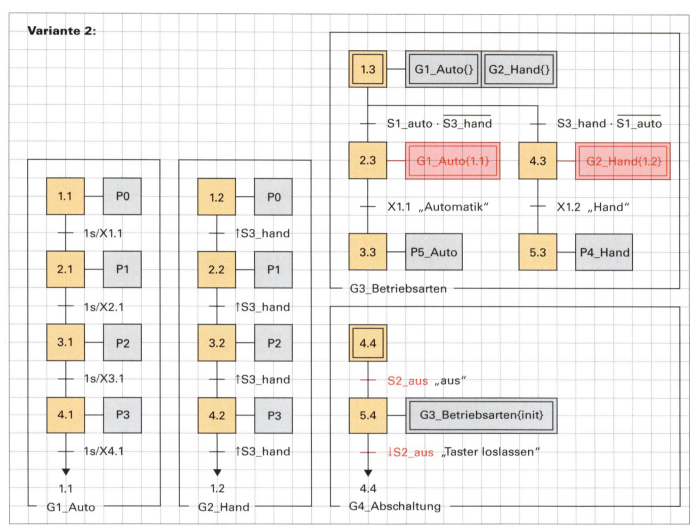

5 Aufgaben
Aufgabe 16 Lauflicht

Der GRAFCET, Variante 3:

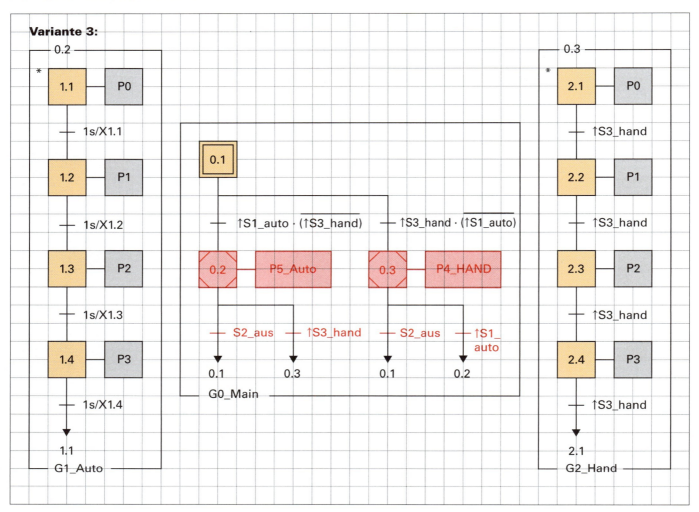

5 Aufgaben
Aufgabe 17 Blechbiegeeinrichtung

Aufgabe 17 Blechbiegeeinrichtung

Die Blechbiegeanlage arbeitet wie folgt: Mit dem Taster S1 schaltet man die Anlage ein, Leuchtmelder P1 zeigt diesen Status an. Wird nun ein Blechstück aufgelegt (Create new plate) so erkennt Sensor B7 dieses. Nach Betätigung des Tasters S3 spannt Zylinder M1 das Blech, danach biegt Zylinder M2 das Blech teilweise nach unten. Im letzten Bearbeitungsschritt biegt Zylinder M3 das Blech vollständig. Wurde das Blech vollständig gebogen, zeigt dies der Leuchtmelder P2 an. Nun wird das fertig gebogene Blechstück entfernt (Destroy plate), das nächste Blechstück wird aufgelegt (Create new plate) und kann gebogen werden (S3 betätigen). Wird der Taster S2 betätigt, so fahren alle Kolbenstangen zurück.

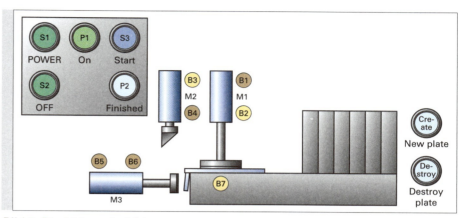

Bild 1: Blechbiegeeinrichtung

 Erstellen Sie den GRAFCET und testen Sie dessen Funktion anschließend am Modell.

Variable im GRAFCET	Bedeutung
S1	Taster Anlage ein
S2	Taster Anlage aus (S2=1 steht für aus)
S3	Taster Biegevorgang starten
B1	Endlage M1 eingefahren
B2	Endlage M1 ausgefahren
B3	Endlage M2 eingefahren
B4	Endlage M2 ausgefahren
B5	Endlage M3 eingefahren
B6	Endlage M3 ausgefahren
B7	Blechstück in Position
M1_vor_Impuls	Kolbenstange von M1 ausfahren
M1_zurück_Impuls	Kolbenstange von M1 einfahren
M2_vor_Federrück	Kolbenstange von M2 ausfahren
M3_vor_Federrück	Kolbenstange von M3 ausfahren
P1	Anzeige Power on
P2	Biegevorgang vollständig durchgeführt

Hinweis: Beachten Sie die unterschiedlichen Ansteuerungen der drei Zylinder. Zylinder M1 wird mit einem Impulsventil angesteuert, bei den Zylindern M2 und M3 wurden Ventile mit Federrückstellung verbaut.

5 Aufgaben
Aufgabe 17 Blechbiegeeinrichtung

Der GRAFCET:

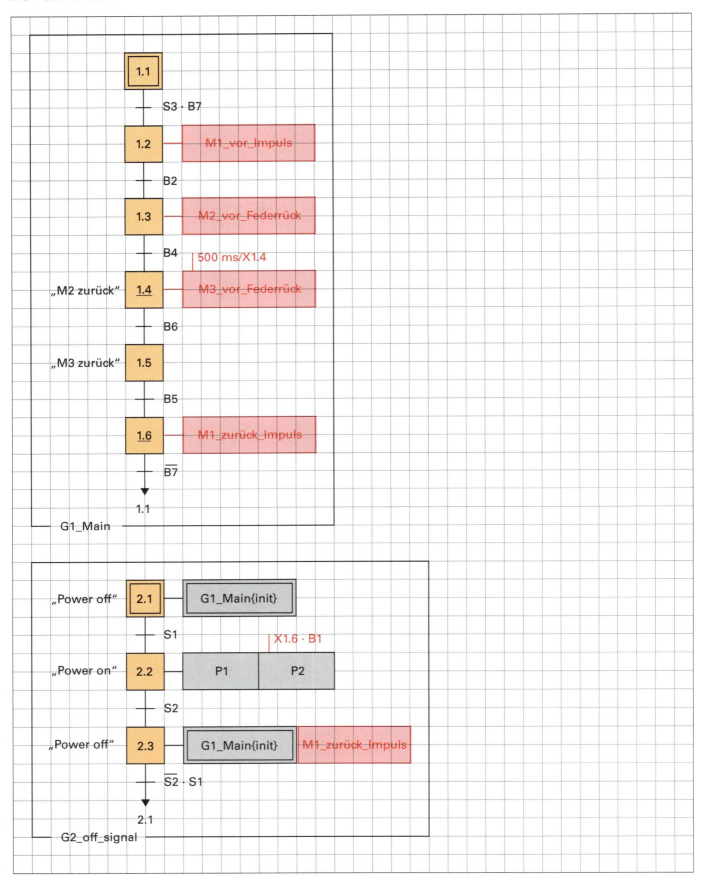

5 Aufgaben
Aufgabe 18 Mischautomat

Aufgabe 18 Mischautomat

In einer automatischen Mischanlage soll über eine Pumpe Flüssigkeit in einen Behälter gefüllt werden und mit einem Rührwerk verrührt werden.

Wird der **Hauptschalter S2 (Wahlschalter „on/off")** eingeschaltet, soll der **Füllvorgang erst beginnen**, nachdem **Start-Taster S1** betätigt wurde.

Ist der Behälter **gefüllt**, so soll die Flüssigkeit **für 10 s verrührt** werden, wobei der Rührvorgang optisch angezeigt wird. Für 5 s soll nun das Gemisch ruhen, dann kann es über das Ablassventil abfließen, wobei das Entleeren durch ein Blinklicht (1 Hz) angezeigt wird.

Ist der untere Füllstand erreicht, befindet sich trotzdem noch eine kleine Restmenge im Behälter. Um den Behälter komplett zu entleeren, bleibt das Ablassventil für weitere 8 s geöffnet.

Das Ende des Prozesses soll 6 s lang angezeigt werden, erst danach soll der Zyklus wieder von vorne beginnen.

Weiter kommt ein Aus-Taster S0 zum Einsatz.

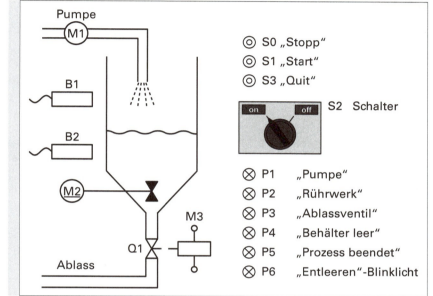

Bild 1: Mischautomat

 Um sich mit dem Steuerungsablauf vertraut zu machen, beantworten Sie folgende Fragen:

1. Was muss der Bediener tun, damit die „Pumpe Zulauf" (M1) eingeschaltet wird?

Er muss den Schalter S2 auf „on" stellen, und S1 betätigen.

2. Welche Aktion wird zeitgleich mit der „Pumpe Zulauf" (M1) ausgeführt?

Die Lampe P1 leuchtet und zeigt so die Aktivität der Pumpe an.

3. Wodurch wird die „Pumpe Zulauf" deaktiviert?

Der Sensor B1 erkennt den oberen Füllstand und schaltet die Pumpe ab.

4. Wer schaltet den „Rührmotor" (M2) ab?

Beim Einschalten von M2 wird die Zeit von 10 s gestartet. Nach Ablauf der Zeit wird der Rührmotor abgeschaltet.

5. Wann öffnet das Ablassventil (Q1), wie lange ruht demnach die Flüssigkeit?

Es wird 15 s nach Ansprechen des Sensors (B1) geöffnet. D.h., die Flüssigkeit ruht für 5 s.

6. Welche weiteren Aktionen werden nun zusätzlich ausgeführt?

Die Lampe „Ablassventil" (P3) leuchtet und die Lampe „Entleeren" (P6) blinkt.

7. Welches Signal muss der Sensor (B2) liefern, damit die Lampe „Behälter leer" (P4) leuchtet?

B2 muss ein Nullsignal liefern.

8. Wie wird sichergestellt, dass der Behälter komplett entleert wird?

Nachdem die Lampe „Behälter leer" (P4) leuchtet, bleibt das Ablassventil (Q1) für weitere 8 s geöffnet.

9. Welche Aktionen werden nach Ablauf der 8s ausgeführt?

Die Lampe „Prozess beendet" (P5) leuchtet für eine Dauer von 6 s.

5 Aufgaben
Aufgabe 18 Mischautomat

 Erstellen Sie für die verschiedenen Varianten die GRAFCETs und setzen Sie diese in ablauffähige SPS-Programme um.

Stellvertretend für alle möglichen Aus-Bedingungen (Aus-Taster, Überstromschutzrelais usw.) soll hier im GRAFCET ein AUS-Merker „AM" verwendet werden. Die Logik des AUS-Merkers „AM" ist im Teil-GRAFCET bereits vorgegeben.

Variante 1:

Wird die Anlage über eine Abschaltbedingung deaktiviert, soll der Prozess abgebrochen werden. Nach erneutem Betätigen von S1 „Start" beginnt er wieder von vorne. Der Quittierungstaster S3 wird hier nicht verwendet.

Variante 2:

Wird die Anlage über eine Abschaltbedingung deaktiviert, soll die **Anlage stillstehen**, erst nach **Quittierung durch S3** soll wieder in den Schritt gesprungen werden, der während der Abschaltbedingung aktiv war.
Hinweise: Eine „Aktion bei Auslösung" kann verwendet werden, um sich die Stelle des Abbruchs durch die Abschaltbedingung zu merken.

Variable im GRAFCET	Bedeutung
S0	Taster aus, S0 steht für ein, $\overline{S0}$ steht für aus
S1	Taster Start
S2	Wahlschalter on/ off, $\overline{S2}$ steht für off
S3	Taster Quittierung
F4	Motorschutzrelais, $\overline{F4}$ steht für aus
B1	Sensor oberer Füllstand, B1 steht für Füllstand erreicht
B2	Sensor unterer Füllstand, $\overline{B2}$ steht für unterer Füllstand unterschritten
Zulauf_Pumpe	Pumpenmotor Zulauf
Rührmotor_M2	Rührmotor, um Flüssigkeit zu vermischen
Ablassventil_Q1	Öffnung des Ablassventil, um Behälter zu entleeren
AM	Interne Variable Aus-Merker
Blinktakt	Interne Variable
Dummy	Interne Variable
P1	Anzeige Zulaufpumpe aktiv
P2	Anzeige Rührmotor aktiv
P3	Anzeige Behälter ist leer
P4	Anzeige Zulaufpumpe aktiv
P5	Anzeige Prozess beendet
P6	Blinklicht während Entleervorgang

5 Aufgaben
Aufgabe 18 Mischautomat

Der GRAFCET, Variante 1:

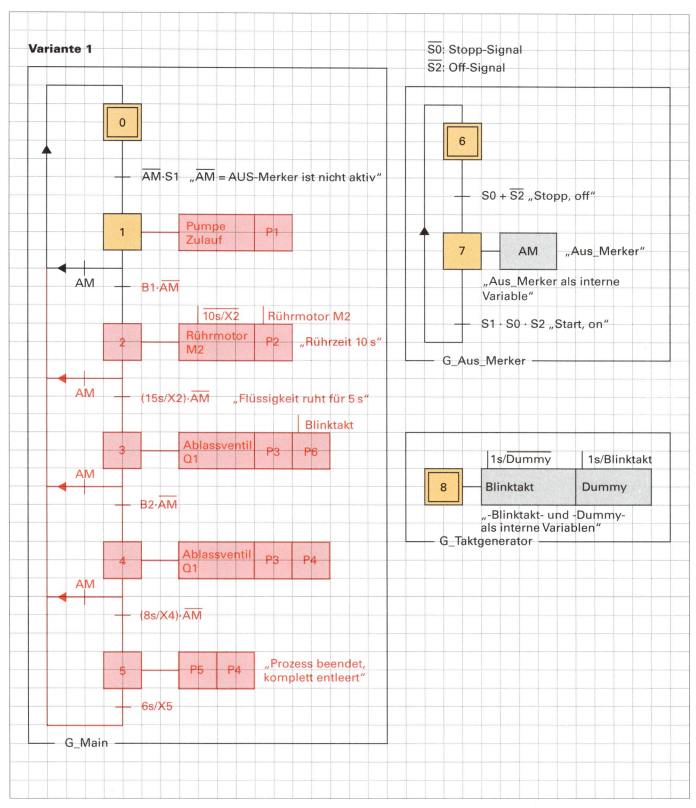

5 Aufgaben
Aufgabe 18 Mischautomat

Der GRAFCET, Variante 2:

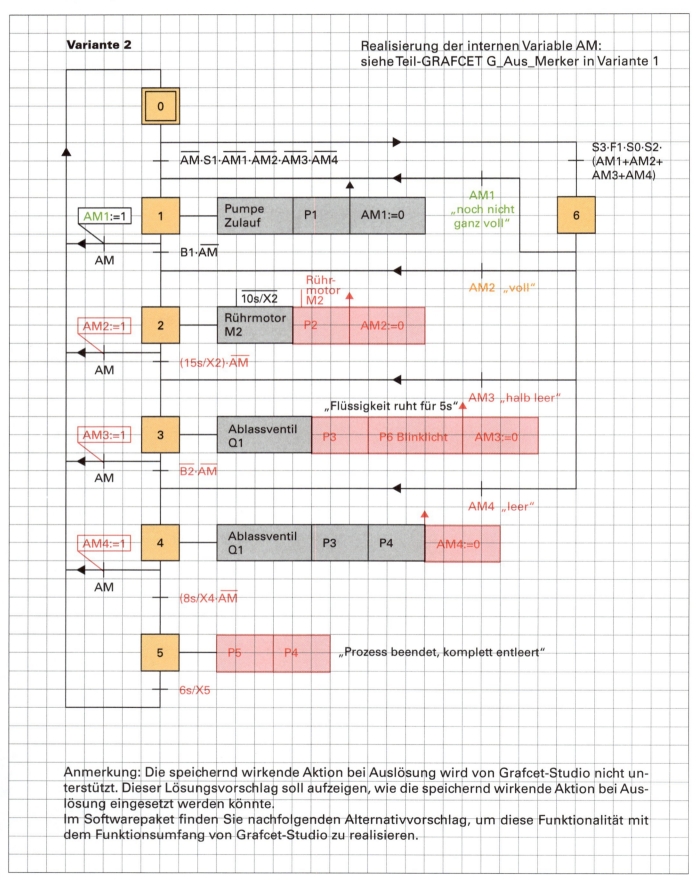

Anmerkung: Die speichernd wirkende Aktion bei Auslösung wird von Grafcet-Studio nicht unterstützt. Dieser Lösungsvorschlag soll aufzeigen, wie die speichernd wirkende Aktion bei Auslösung eingesetzt werden könnte.
Im Softwarepaket finden Sie nachfolgenden Alternativvorschlag, um diese Funktionalität mit dem Funktionsumfang von Grafcet-Studio zu realisieren.

5 Aufgaben
Aufgabe 18 Mischautomat

Der GRAFCET, Variante 2 (Alternativvorschlag):

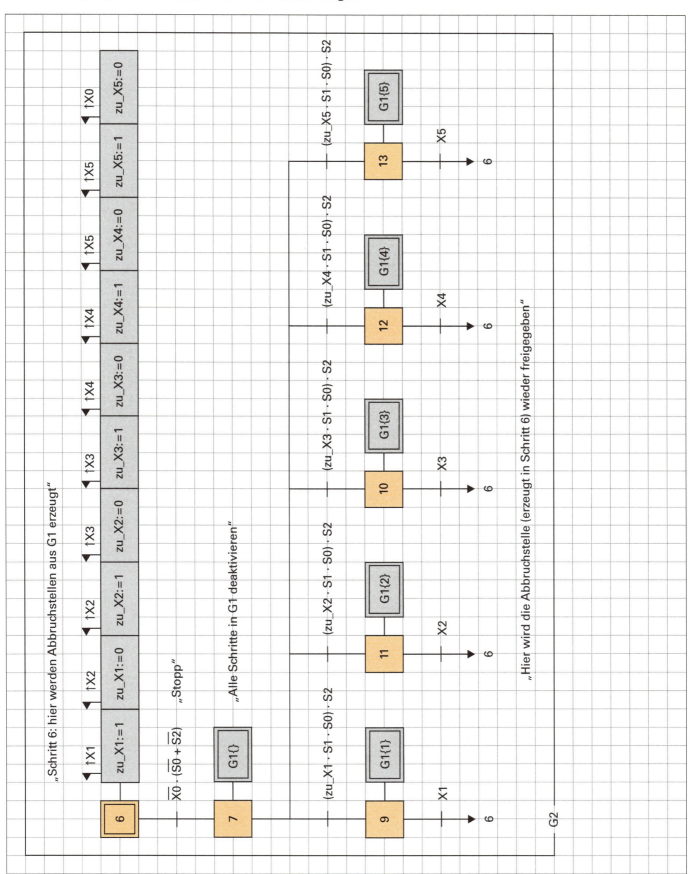

5 Aufgaben
Aufgabe 18 Mischautomat

Der GRAFCET, Variante 2 (Alternativvorschlag):

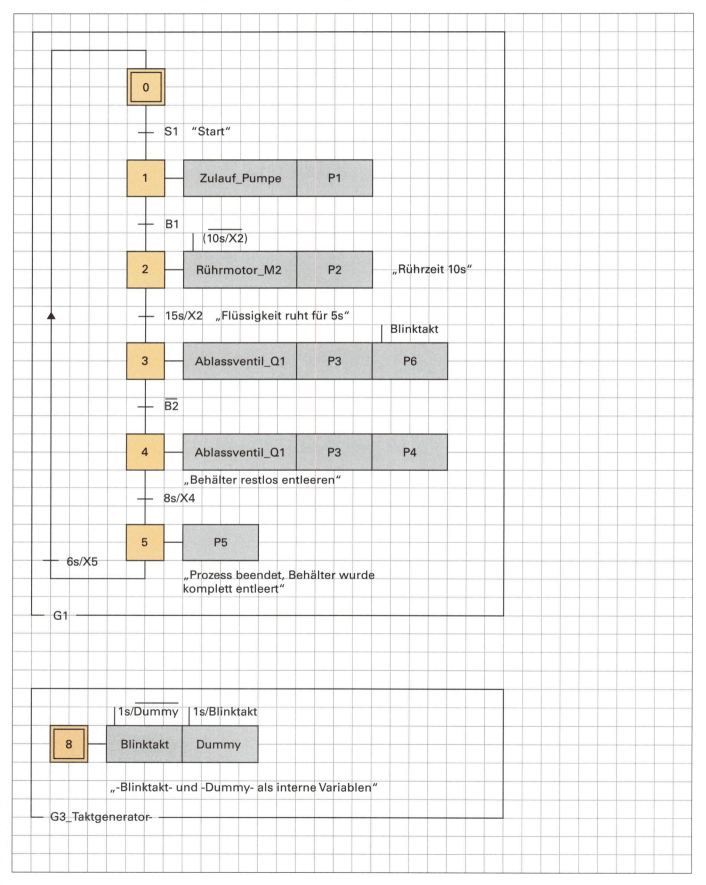

5 Aufgaben
Aufgabe 18 Mischautomat

Ergänzende Hinweise zum GRAFCET, Variante 2:

Die **„Aktion bei Auslösung"** ist immer eine speichernd wirkende Aktion, sie kann beispielsweise verwendet werden, um sich eine Abbruchstelle (AUS-Merker wurde aktiviert) im GRAFCET zu „merken". Sie wird immer genau dann ausgelöst, wenn die zugehörige Transition auslöst. Auf den linksbündigen Pfeil nach oben wird hierbei verzichtet, denn es spielt keine Rolle, ob zuerst der Schritt und danach die Transition aktiv wird, oder ob die Transition dauerhaft erfüllt war und später erst der zugehörige Schritt aktiv wurde. In beiden Fällen wird die Aktion bei Auslösung durchgeführt.

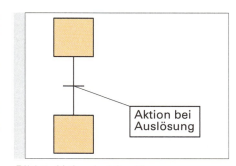

Bild 1: Aktion bei Auslösung

Die Variable AM_4 in **Bild 2** wird also dann speichernd wirkend auf 1 gesetzt, wenn Schritt 4 aktiv ist und der AUS-Merker „AM" true wird (wobei AM auch schon vorher true sein darf).

Die (frei wählbare) Symbolik „AM_4" soll in diesem Beispiel andeuten, dass der AUS-Merker aktiviert wurde, während sich die Steuerung im Schritt 4 befand.

Im abgebildeten GRAFCET hat das zur Folge, dass Schritt 4 deaktiviert und Schritt 1 aktiviert wird. Wird nun der Quit-Taster S6 betätigt, so gelangt man über Schritt 6 wieder in den Schritt zurück, in dem vorher der AUS-Befehl erteilt wurde, hier ist das der Schritt 4. Somit hat der Merker AM_4 seinen Zweck erfüllt.

Er wird bei Aktivierung von Schritt 4 (bzw. bei steigender Flanke der Schrittvariablen X4) wieder zurückgesetzt.

Im dargestellten GRAFCET kann also sichergestellt werden, dass die Steuerung nach einem Abbruch durch den AUS-Merker in einem festgelegten Schritt wieder weiterläuft. Dies darf aber nur dann geschehen, nachdem der Bediener die Fehlerbeseitigung durch Betätigung des Quit-Tasters S6 quittiert hat.

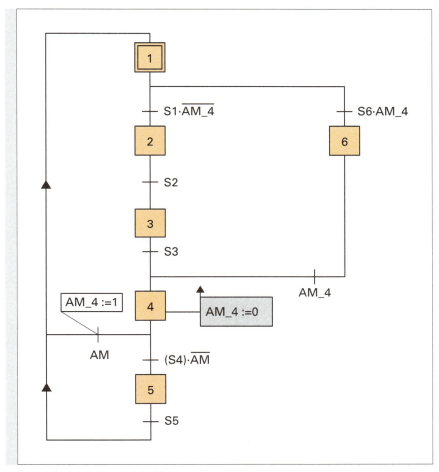

Bild 2: Aktion bei Auslösung

Der GRAFCET Editor GRAFCET-Studio bietet die Funktionalität „speichernd wirkende Aktion bei Auslösung" nicht. Daher wurde die digitale Lösung in anderer Form gestaltet. Es wurden zwei Teil-GRAFCETs gebildet. Im Teil-GRAFCET G1 wurde der grundlegende Steuerungsablauf beschrieben. Im Teil-GRAFCET G2 wird sich der aktuell aktive Schritt gemerkt. Nach Abbruch des Prozesses wird über einen zwangssteuernden Befehl der (vorher aktive) gewünschte Schritt aktiviert.

5 Aufgaben
Aufgabe 19 Palettenhubtisch

Aufgabe 19 Palettenhubtisch

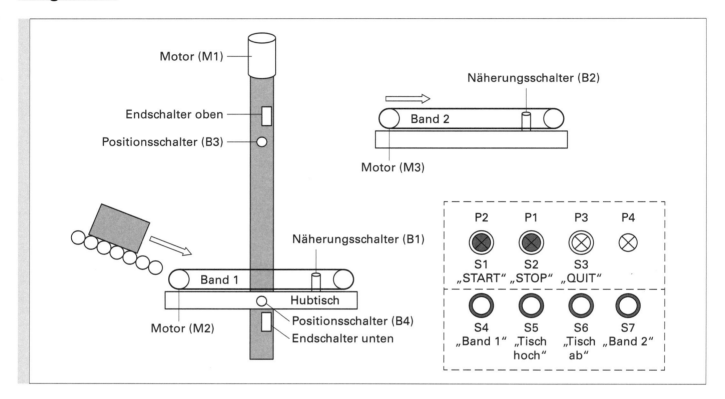

Funktionsbeschreibung:

Mit dem Hubtisch sollen Paletten auf ein höhergelegenes Förderband gehoben werden.

Mit **S2** wird die Anlage in den **STOP-Zustand** versetzt. Mit **S1** wird die **Anlage in Betrieb** gesetzt.

Die Palette rollt automatisch über die Rollenbahn auf das Band 1.

Mit dem Taster **S1** wird per Hand das **Band 1** des Hubtisches eingeschaltet. Bei Betätigung des **Näherungsschalters B1** wird das **Band 1 abgeschaltet** und die **Aufwärtsbewegung** des Hubtisches **eingeschaltet**.

Betätigt der Hubtisch den Positionsschalter **B3 (Endschalter)**, so wird die **Aufwärtsbewegung abgeschaltet** und die **beiden Bänder** (1 und 2) werden **aktiviert**.

Bei Aktivierung von Positionsschalter **B2** werden **beide Bänder abgeschaltet** und der **Hubtisch heruntergefahren**. Erreicht der Hubtisch die untere Grenzstellung, so wird über den Positionsschalter **B4** die **Abwärtsbewegung beendet**.

Die Taster S1 bis S3 besitzen Signallampen. Sie leuchten, um den entsprechenden Betriebszustand anzuzeigen, im Falle einer Eingabeaufforderung blinken sie. Die Taster S4 bis S7 sind in der Aufgabenstellung Variante II näher beschrieben.

Der Taster S3 dient zur Fehlerquittierung.

 Erstellen Sie für die verschiedenen Varianten die GRAFCETs und setzen Sie diese in ablauffähige SPS-Programme um.

Hinweis:
Die Endschalter „unten" und „oben" verhindern ein Überfahren der Positionsschalter B3 und B4 bei fehlerhafter Programmierung.
Somit müssen diese beiden Endschalter weder im GRAFCET noch im SPS-Programm beachtet werden.

5 Aufgaben
Aufgabe 19 Palettenhubtisch

Variante 1

Die Variante 1 soll nur den einfachen automatisierten Ablauf wiedergeben.

Wird der Stopp-Taster S2 betätigt, so bleibt die Anlage stehen, P1_Stopp leuchtet, P2_Start blinkt. Ein erneutes Betätigen von Start-Taster S1 lässt die Anlage von der aktuellen Position aus weiterlaufen, P2_Start leuchtet, P1_Stopp blinkt.

Als Stellvertreter für den Stopp-Befehl soll in diesem Beispiel die interne Variable „Aus-Merker M10" verwendet werden. M10=1 steht für „Aus-Befehl aktiv". Durch Betätigung des Tasters S1 „Start" wird der Aus-Merker zurückgesetzt.
Die Logik des Aus-Merkers und die Ansteuerung aller Signallampen sind als Teillösung vorgegeben.

Der Quit-Taster S3 wird nicht verwendet, ein Fehlerfall wird hier also nicht berücksichtigt.

Anlagenfunktion	Variable im Grafcet
Band 1 vorwärts	Q3
Band 2 vorwärts	Q4
Hubtisch hoch	Q2
Hubtisch ab	Q1
Blinktakt	Blinktakt
Aus-Merker	Aus_Merker_M10
Start	S1
Stopp	S2
Leuchte Start	P2_Start
Leuchte Stopp	P1_Stopp

Variante 2

Jetzt wird der Richtbetrieb/Quittierungsfall mitberücksichtigt, denn es könnte beispielsweise vorkommen, dass sich die Palette verklemmt. Deshalb soll der Anlagenbediener im Richtbetrieb die Anlage sicher in den Grundzustand fahren können. Erst nachdem sich die Anlage im Grundzustand befindet und dieser Zustand durch Betätigung von S3 bestätigt wurde, kann der bekannte automatische Ablauf gestartet werden. Stoppt der Anlagenbediener den Prozess (S2), so muss er danach zwingend im Richtbetrieb die Anlage in Grundstellung fahren.

Richtbetrieb: Alle Aktionen werden nur so lange ausgeführt, wie die entsprechenden Taster (S4 bis S7) betätigt bleiben. So wird gewährleistet, dass der Bediener bei Bedarf beide Förderbänder unabhängig voneinander betätigen kann. Ebenso kann der Hubtisch frei bewegt werden. Die Endschalter der Bänder sind deaktiviert, die des Hubtisches sind aktiv.
Da der Richtbetrieb eine erhöhte Aufmerksamkeit vom Bediener erfordert, soll ein Blinklicht „P4 Richten" diesen Zustand anzeigen!

Wurde die Anlage mit den Tastern S4 bis S7 in die Grundstellung gebracht, wird dieser Zustand durch den blinkenden Quittierungstaster S3 angezeigt (Leuchte „P3 Quit" blinkt). Kommt der Bediener dieser Eingabeaufforderung nach und betätigt S3, so geht die Anlage in den Automatikmodus über.

Mit den Tastern S4 bis S7 können im Richtbetrieb folgende Aktionen ausgelöst werden:

Anlagenfunktion	Variable im Grafcet
Richten-Band 1	S4
Richten-Tisch hoch	S5
Richten-Tisch ab	S6
Richten-Band 2	S7
Fehlerquittierung	S3
Leuchte Richtbetrieb	P4_Richten
Leuchte Quit-Taster	P3_Quit

Auf den Aus-Merker „Aus_Merker_M10" soll hier verzichtet werden, da zwangssteuernde Befehle hierfür eine gute Lösung bieten.

5 Aufgaben
Aufgabe 19 Palettenhubtisch

Der GRAFCET, Variante 1:

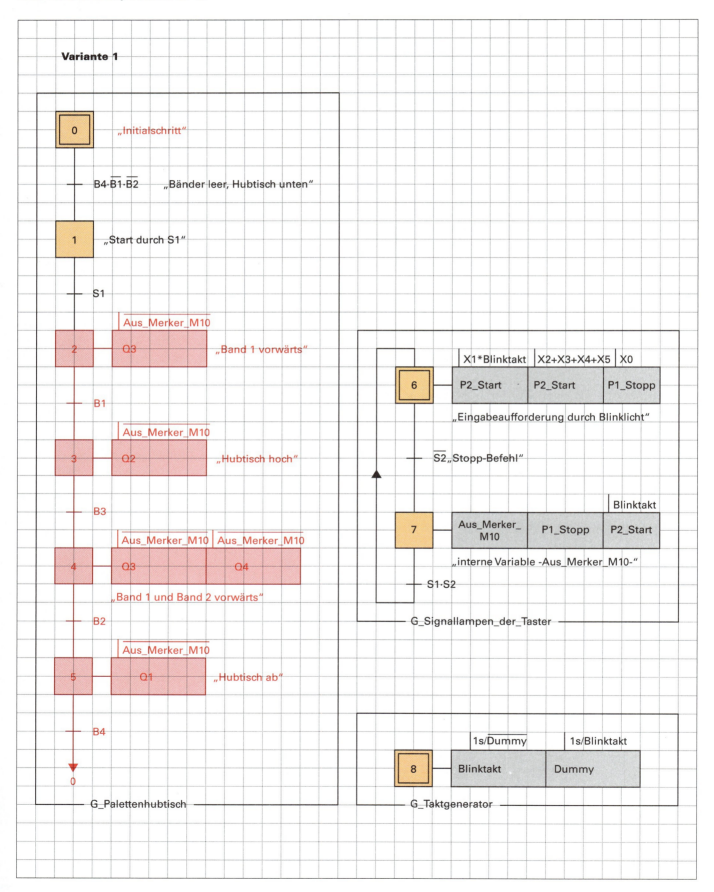

5 Aufgaben
Aufgabe 19 Palettenhubtisch

Der GRAFCET, Variante 2:

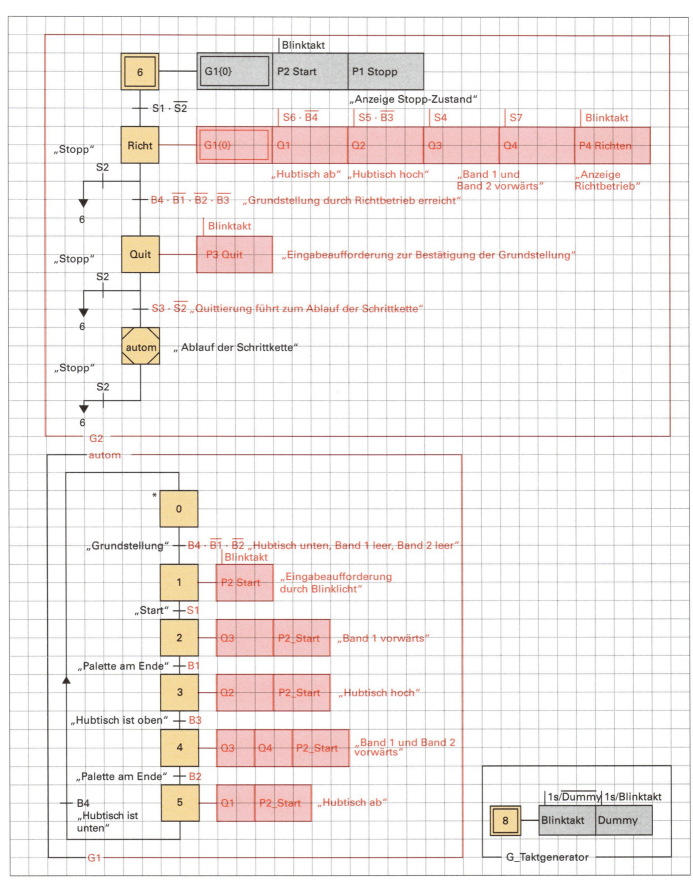

5 Aufgaben

Aufgabe 20 Zwei Flüssigkeiten, Durchflusszählung

Aufgabe 20 Zwei Flüssigkeiten, Durchflusszählung

Zwei verschiedene Flüssigkeiten sollen in einem Mengenverhältnis von 30:40 (Fluid 1: Fluid 2) in einen Mischbehälter gepumpt werden. Die Durchflussmenge der beiden Flüssigkeiten werden durch die Sensoren B1 und B2 ermittelt. Diese Sensoren liefern bei Durchfluss Rechteckimpulse, die zur Ermittlung der Durchflussmenge dienen:

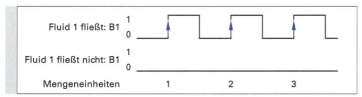

Bild 1: Signalimpulse bei Durchfluss

Im Technologieschema ist der gefüllte Mischbehälter abgebildet. Anhand der Einheitenanzeige im Modell (30 und 40) kann die geförderte Menge der beiden Flüssigkeiten überprüft werden.

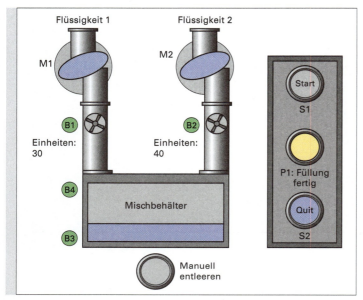

Bild 2: Vermischen zweier Flüssigkeiten mit Durchflusszählung

Variable im GRAFCET	Bedeutung
S1	Taster Mischvorgang starten
S2	Taster Vermischung bestätigen
B1	Durchflussmessung Fluid 1
B2	Durchflussmessung Fluid 2
B3	Unterer Füllstand unterschritten: B3=1
B4	Oberer Füllstand erreicht: B4=1 (keine Drahtbruchsicherheit)
M1	Zulaufpumpe für Fluid 1
M2	Zulaufpumpe für Fluid 2
Menge_Fluid_1	In diese Variable ist die Durchflussmenge des Fluid_1 zu hinterlegen (hochzählen)
Menge_Fluid_2	In diese Variable ist die Durchflussmenge des Fluid_2 zu hinterlegen (hochzählen)

Hinweis: Der Taster „Manuell entleeren" muss im GRAFCET nicht berücksichtigt werden! Der Entleer-Vorgang wird demnach nicht im GRAFCET abgebildet!

Variante 1

Nach Betätigung des Tasters S1 werden die beiden Flüssigkeiten im Mengenverhältnis von 30:40 in den Mischbehälter gepumpt. Ist dieser Füllvorgang beendet wird dies durch die Meldeleuchte P1 angezeigt. Anschließend muss der Anlagenbediener diesen Zustand durch Betätigung des Tasters S2 quittieren und die Flüssigkeit vollständig ablassen (Taster „Manuell entleeren"). Nun kann der nächste Mischvorgang über S1 gestartet werden.

 Erstellen Sie den GRAFCET und testen Sie dessen Funktion anschließend am Modell.

Variante 2

Stellen Sie das Mengenverhältnis im GRAFCET nun auf 150:150, um einen Fehlerfall zu simulieren. Die nun geförderte Flüssigkeitsmenge würde zu einem Überlaufen des Mischbehälters führen. Steigt der Pegel bis zu Sensor B4, so liefert dieser ein High-Signal. Verwenden Sie einen zwangssteuernden Befehl, um ein Überlaufen des Mischbehälters in diesem simulierten Fehlerfall zu verhindern.

 Ergänzen Sie deshalb die GRAFCETs der Variante 1 um einen weiteren Teil-GRAFCET und testen Sie das Verhalten am Modell.

5 Aufgaben
Aufgabe 20 Zwei Flüssigkeiten, Durchflusszählung

Der GRAFCET, Variante 1:

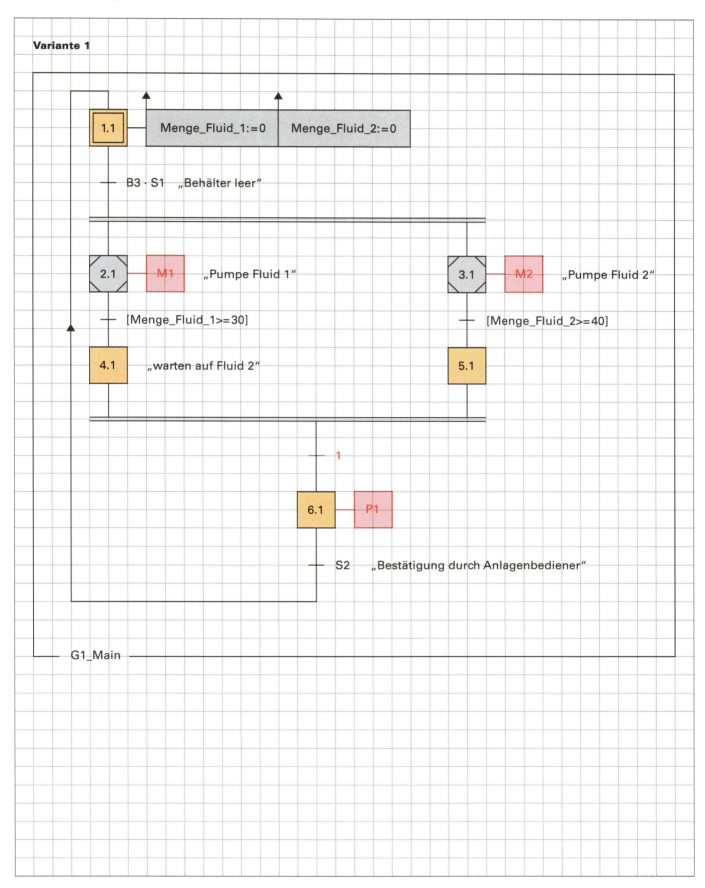

5 Aufgaben
Aufgabe 20 Zwei Flüssigkeiten, Durchflusszählung

Der GRAFCET, Variante 1:

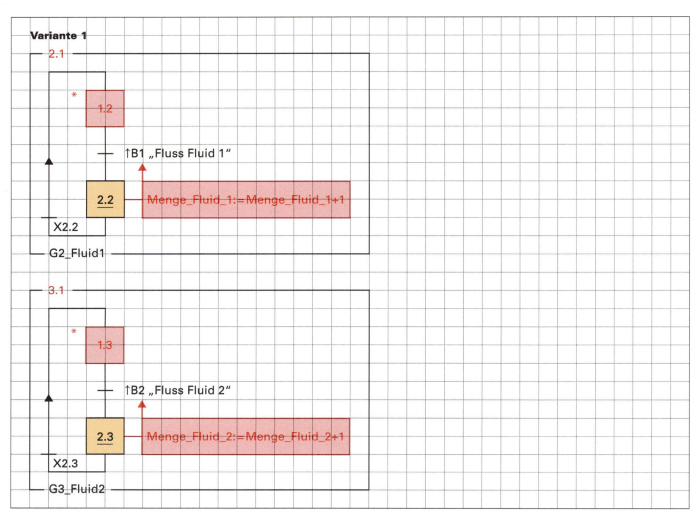

Der GRAFCET, Variante 2:

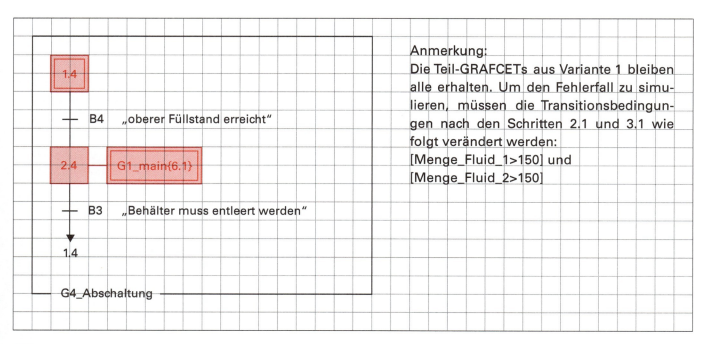

Anmerkung:
Die Teil-GRAFCETs aus Variante 1 bleiben alle erhalten. Um den Fehlerfall zu simulieren, müssen die Transitionsbedingungen nach den Schritten 2.1 und 3.1 wie folgt verändert werden:
[Menge_Fluid_1>150] und
[Menge_Fluid_2>150]

5 Aufgaben
Aufgabe 21 Landefeuer

Aufgabe 21 Landefeuer

Die Abbildung zeigt eine Landebahn mit einem Landefeuer.
Das Landefeuer dient dem Piloten als optische Hilfe, um die Landebahn bei schlechten Sichtverhältnissen bzw. Dunkelheit leichter identifizieren zu können.

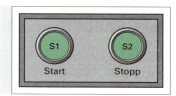

Bild 1: Bedienelemente für das Landefeuer

Funktion:

Nach einmaliger Betätigung des Start-Tasters leuchtet **P0 als Dauerlicht**, um den **Anfang der Landebahn** anzuzeigen. Die weiteren Signalleuchten **P1, P2 und P3** arbeiten nun als Lauflicht, um den **Verlauf der Landebahn** anzudeuten.

Leuchtfolge: 1. Durchlauf: P0→P0 und P1→P0, P1 und P2→P0, P1, P2 und P3
2. Durchlauf: P0→P0 und P1→P0, P1 und P2→P0, P1, P2 und P3, usw.

Nach Betätigung des Tasters Stopp erlischt die komplette Beleuchtung.
Realisieren Sie diese Folgeschaltung mithilfe eines Zählers, der durch eine Taktflanke hochgezählt wird:

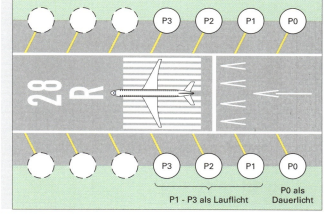

Bild 2: Landebahn mit Landefeuer

Bild 3: Taktgenerator mit Signalverläufe

Der Zustand low der Variablen Takt wird durch die Zuweisungsbedingung 50ms/$\overline{\text{Dummy}}$ bestimmt. Die Zuweisungsbedingung 50ms/Takt beschreibt die Zeitspanne, in der die Variable Takt den Zustand high besitzt.

> **Hinweis:** Transitions-Variablen, wie beispielsweise Zählerstände, werden in eckige Klammern gesetzt. **[Transitions-Variable]**

Die Lösungsvariante 1 wurde mit zwangssteuernden Befehlen realisiert. Die Lösungsvariante 2 besitzt keine zwangssteuernden Befehle. Beide Lösungsvorschläge sehen komplett unterschiedlich aus, beschreiben jedoch einen identischen Funktionsablauf.

Variable im Grafcet	Bedeutung
Start	Taster Landefeuer Ein
Stopp	Taster Landefeuer Aus, Stopp=Aus-Befehl
P0	Lampenpaar, siehe Technologieschema (Dauerlicht)
P1	Lampenpaar, siehe Technologieschema (Lauflicht)
P2	Lampenpaar, siehe Technologieschema (Lauflicht)
P3	Lampenpaar, siehe Technologieschema (Lauflicht)
Z	Zählvariable
Dummy	Variable für Taktgenerator
Takt	Taktvariable

 Erstellen Sie den GRAFCET und testen Sie dessen Funktion anschließend am Modell.

5 Aufgaben
Aufgabe 21 Landefeuer

Der GRAFCET, Variante 1:

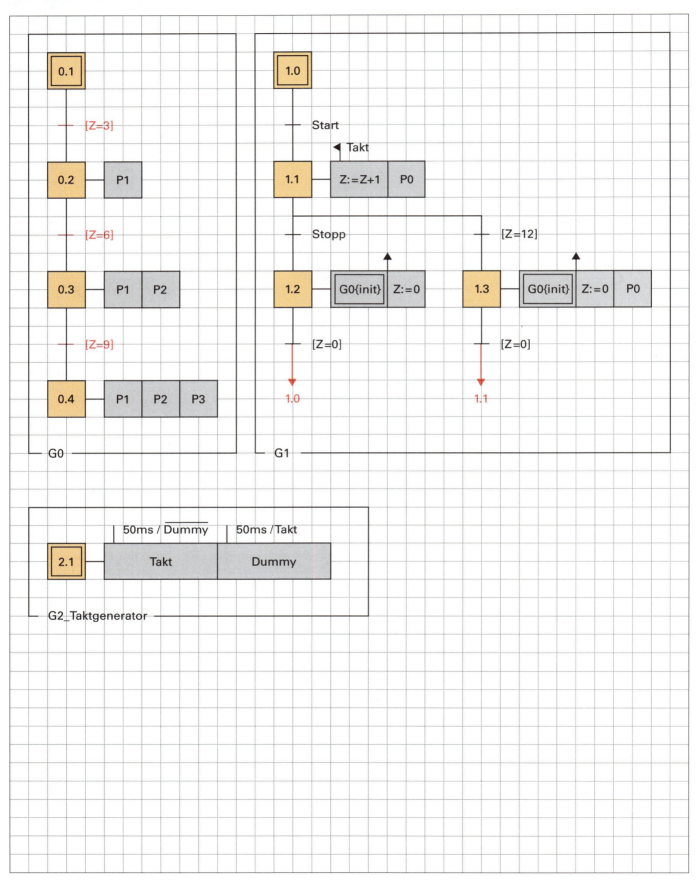

5 Aufgaben
Aufgabe 21 Landefeuer

Der GRAFCET, Variante 2:

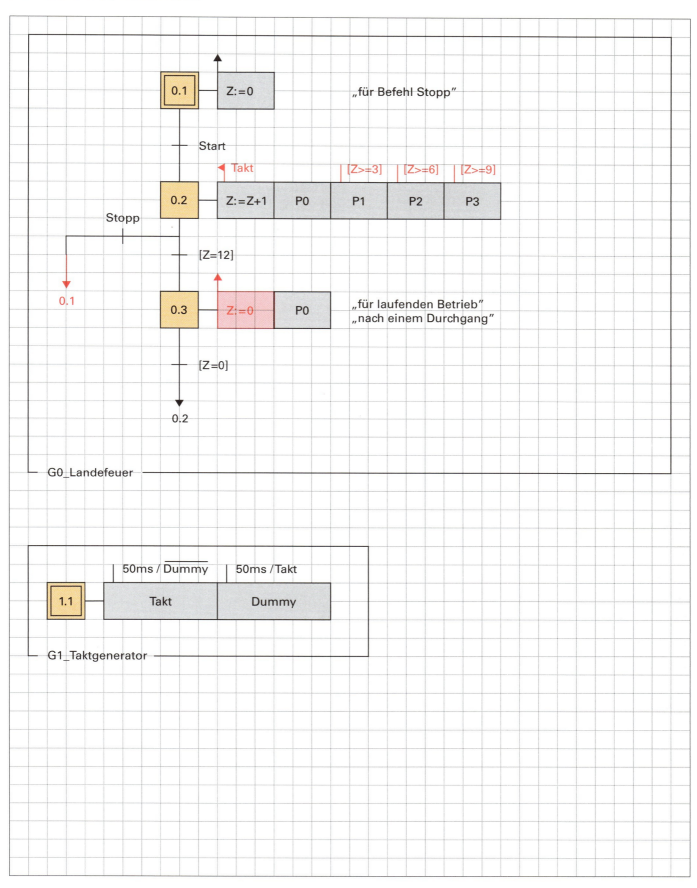

5 Aufgaben

Aufgabe 22 Drei Sägen, zwei Lüfter

Aufgabe 22 Drei Sägen, zwei Lüfter

Nebenstehende Lüfter arbeiten in einer Absauganlage einer Schreinerei. Beide Lüfterräder arbeiten für eine Absauganlage. Ist nur eine der drei Sägen in Betrieb (Anzeige durch die entsprechenden Signallampen), so genügt es, wenn der leistungsschwächere linke Lüfter_1 arbeitet. Der leistungsstärkere rechte Lüfter_2 wird dann aktiv, wenn **zwei** beliebige Sägen gleichzeitig aktiv sind. Arbeiten **alle drei Sägen** gleichzeitig, so müssen nun beide Lüfter gleichzeitig arbeiten, um eine ausreichende Absaugung zu gewährleisten.

Lösungshinweis:

Stellen Sie durch eine Zählvariable sicher, dass im GRAFCET immer klar ist, wie viele Sägen aktuell aktiviert sind. Abhängig vom Zählerstand aktivieren Sie dann den bzw. die Lüfter.

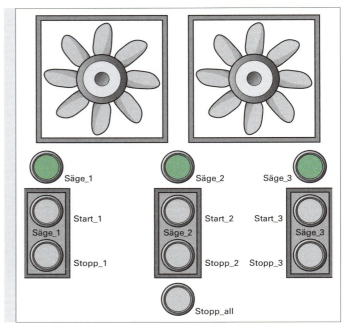

Bild 1: Bedienelemente für drei Sägen und zwei Lüfter

Variable im GRAFCET	Bedeutung
Start_1	Taster Säge_1 aktivieren
Start_2	Taster Säge_2 aktivieren
Start_3	Taster Säge_3 aktivieren
Stopp_1	Taster Säge_1 deaktivieren, Stopp_1 = Stopp
Stopp_2	Taster Säge_2 deaktivieren, Stopp_2 = Stopp
Stopp_3	Taster Säge_3 deaktivieren, Stopp_3 = Stopp
Stopp_all	Alle Sägen, alle Lüfter deaktivieren, Stopp_all = Stopp
C	Zählvariable
Säge_1	Säge_1 aktiv, Anzeige
Säge_2	Säge_2 aktiv, Anzeige
Säge_3	Säge_3 aktiv, Anzeige
Lüfter_1	linker Lüfter, leistungsschwach
Lüfter_2	rechter Lüfter, leistungsstark

Hinweis: Die Motoren der Sägen werden im GRAFCET nicht verwendet. Es werden stellvertretend für die Motoren der Sägen lediglich die Anzeigen Säge_1, Säge_2 und Säge_3 verwendet.

 Erstellen Sie den GRAFCET und testen Sie dessen Funktion anschließend am Modell.

5 Aufgaben
Aufgabe 22 Drei Sägen, zwei Lüfter

Der GRAFCET:

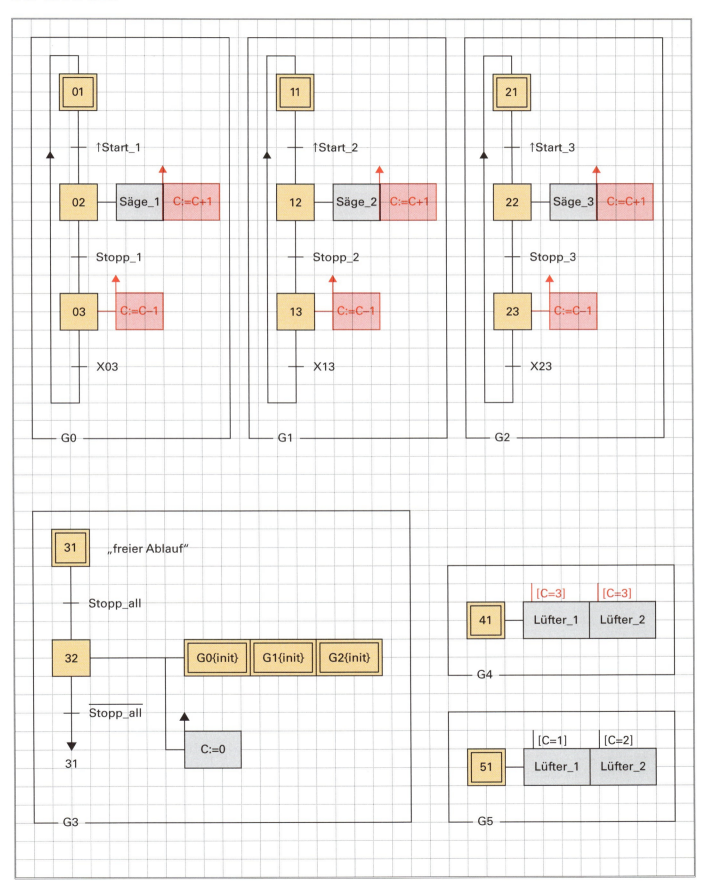

5 Aufgaben
Aufgabe 23 Tomograph

Aufgabe 23 Tomograph

Die Bedienung des Tomographen folgt bestimmten Regeln:
- Über den Taster S1 wird die Anlage eingeschaltet, P1 zeigt diesen Zustand an.
- Über den Schieberegler wird die gewünschte Untersuchungsposition der Liege vorgewählt (150-600).
- Nun muss der Taster S4 „Start" betätigt werden → P2 blinkt dreimal, um die Fahrt der Liege anzukündigen → die Liege fährt danach bis zur vorgewählten Untersuchungsposition (P2 blinkt während der Liegenfahrt weiter) → P2 zeigt durch ein Dauerleuchten an, dass die Liege an der gewünschten Untersuchungsposition angekommen ist.
- Die Strahlungsquelle rotiert nun einmal komplett nach rechts (B6) und wieder zurück (B5). P3 blinkt, während sich die Strahlungsquelle bewegt. Ist die Strahlungsquelle wieder zurück an B5 angekommen, gilt die Bestrahlung als abgeschlossen, P3 zeigt diesen Zustand durch ein Dauerleuchten an.
- Um die Liege zurück in Grundposition zu fahren, muss der Taster S4 „Start" abermals betätigt werden, P2 blinkt auch jetzt dreimal, um die Fahrt der Liege anzukündigen → die Liege fährt danach zurück zur Startposition (P2 blinkt während der Liegenfahrt weiter).
- Ist die Liege in der Startposition angekommen, erlöschen beide Leuchtmelder.

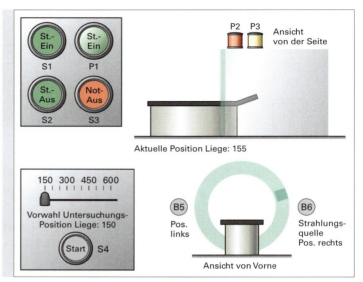

Bild 1: Tomograph mit Bedienfeld

Abschaltung oder Abbruch des Prozesses
Eine Abschaltung der Anlage kann über den Taster S2 „St.Aus" oder den Schalter S3 „Not-Aus" erfolgen. In diesem Fall werden die Liegenfahrt und die Bewegung der Strahlungsquelle gestoppt → die Liege muss per Hand (im Modell mit Mauszeiger) bis zur Startposition zurückgeschoben werden → nun fährt die Strahlungsquelle automatisch in Grundstellung (B5) zurück, der blinkende Leuchtmelder P3 zeigt die Bewegung der Strahlungsquelle an → erst nachdem sich die Strahlungsquelle in Grundstellung befindet (P2 und P3 erlöschen), kann die Anlage über S1 „Start" wieder eingeschaltet werden.

 Erstellen Sie den GRAFCET und testen Sie dessen Funktion anschließend am Modell.

Variable im Grafcet	Bedeutung
S1	Taster Anlage Ein
S2	Taster Anlage Aus, $\overline{S2}$=Aus-Befehl
NotAus	Schalter Not-Aus, $\overline{NotAus}$=Aus-Befehl
S4	Taster Start
B5	Strahler Linksanschlag (B5= Endlage erreicht)
B6	Strahler Rechtsanschlag (B6= Endlage erreicht)
P1	Meldeleuchte Steuerung Ein
P2	Meldeleuchte Liege
P3	Meldeleuchte Strahlungsquelle
M1_Liege_rein	Antrieb für Liege fährt in Tomograph hinein
M1_Liege_raus	Antrieb für Liege fährt aus Tomograph heraus
M2_Strahler_re	Antrieb für Strahlungsquelle fährt nach rechts
M2_Strahler_li	Antrieb für Strahlungsquelle fährt nach links
Soll Pos_Liege	In dieser Variablen steht die am Schieberegler vorgewählte Ganzzahl (150 - 600)
Ist Pos_Liege	In dieser Variablen steht die aktuelle Position der Liege als Ganzzahl (5 - 600)
	Hinweis: Die Startposition der Liege liegt bei [Ist_Pos_Liege< 5]
Dummy	Interne Variable zur Realisierung der Blinkfunktionen

5 Aufgaben
Aufgabe 23 Tomograph

Der GRAFCET:

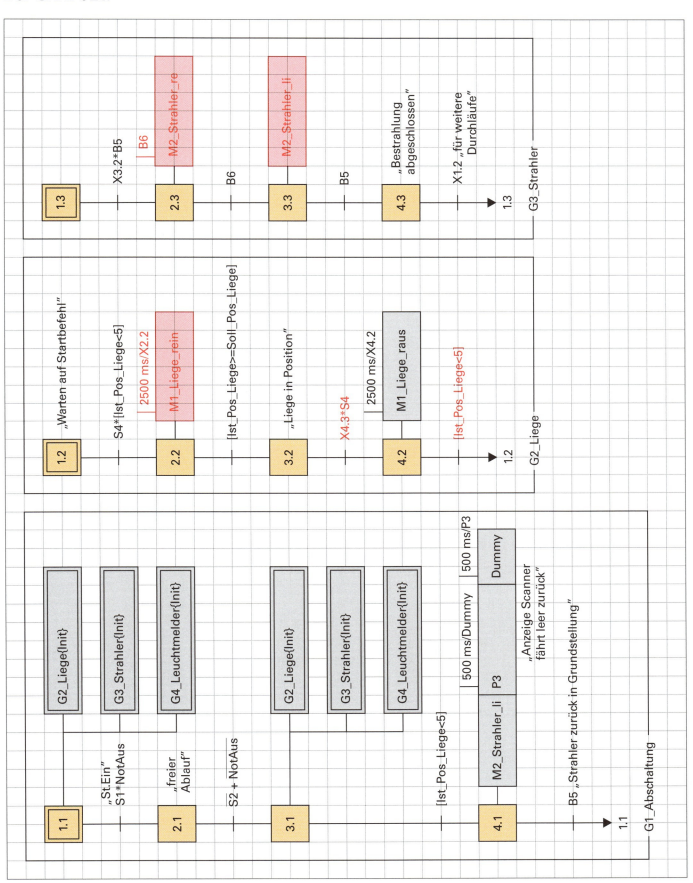

5 Aufgaben
Aufgabe 23 Tomograph

Der GRAFCET:

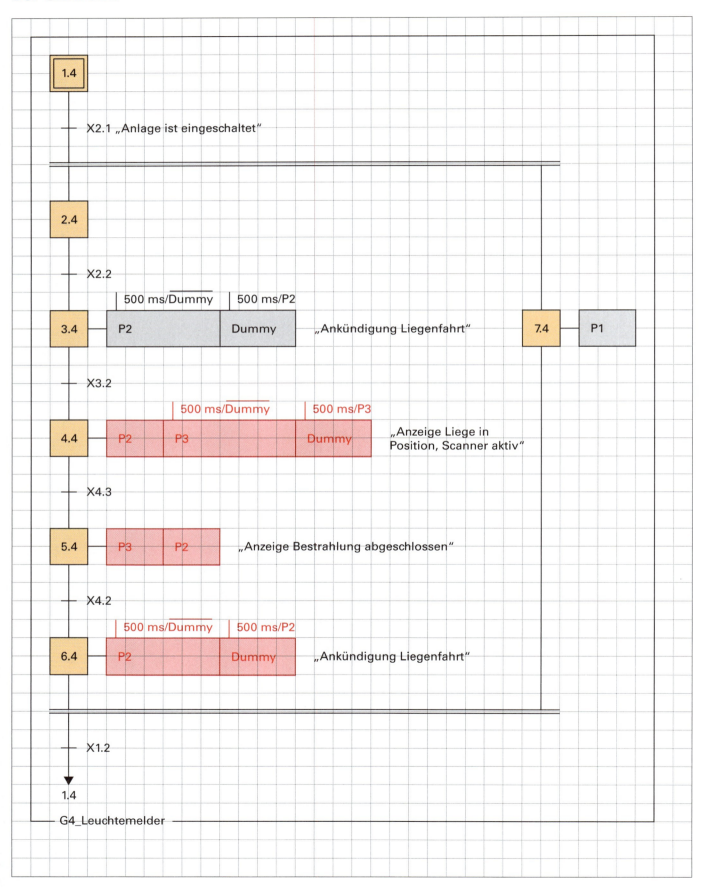

5 Aufgaben

Aufgabe 24 Folgeschaltung mit drei Zylindern, technologieunabhängig

Aufgabe 24 Folgeschaltung mit drei Zylindern, technologieunabhängig

Drei pneumatisch angesteuerte Zylinder bilden eine Folgeschaltung.

Der Wahlschalter S0 gibt die Anlage frei („on") bzw. schaltet sie ab („off"). Ein Abschalten soll dazu führen, dass alle drei Zylinder komplett einfahren.

Es kann durch den Wahlschalter S2 zwischen den Betriebsarten „Automatik" und „Richten" gewählt werden.

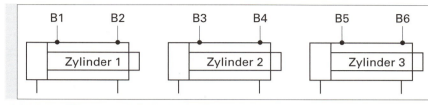

Bild 1: Drei Pneumatik-Zylinder in Folgeschaltung

Automatikbetrieb ($\overline{S2}$):

Drei Pneumatik-Zylinder fahren nach einmaliger kurzer Betätigung des Start-Tasters S1 nacheinander aus und bleiben ausgefahren. Nachdem der letzte Zylinder 5 s komplett ausgefahren war, fahren sie automatisch in umgekehrter Reihenfolge wieder ein.

Sind alle drei Zylinder komplett eingefahren, so kann durch erneutes Betätigen von S1 der Prozess erneut beginnen.

Richtbetrieb (S2):

Jeder Zylinder kann nun beliebig vor- und zurückgefahren werden:

S3 bzw. S4 für Zylinder 1 Aus- bzw. Einfahren.

S5 bzw. S6 für Zylinder 2 Aus- bzw. Einfahren.

S7 bzw. S8 für Zylinder 3 Aus- bzw. Einfahren.

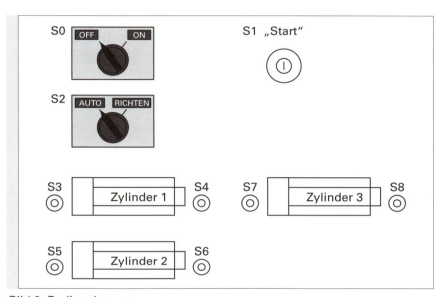

Bild 2: Bedienelemente

 Die Ansteuerungen der Zylinder sind unbekannt, deshalb soll der GRAFCET technologieunabhängig erstellt werden.

Anmerkung zur Lösung: Laut GRAFCET wird im Richtbetrieb die Bewegung der Kolbenstange pausieren, wenn der entsprechende Taster losgelassen wird. Der Errichter dieser Anlage könnte also beispielsweise ein Ventil mit geschlossener Mittelstellung wählen.

5 Aufgaben

Aufgabe 24 Folgeschaltung mit drei Zylindern, technologieunabhängig

Variable im GRAFCET	Bedeutung
S0	Wahlschalter on/ off, S0 steht für on, $\overline{S0}$ steht für off
S1	Taster Start
S2	Wahlschalter Auto/ Richten, S2 steht für Auto, $\overline{S2}$ steht für Richten
S3 bzw. S4	S3 Zylinder 1 Ausfahren, S4 Zylinder 1 Einfahren
S5 bzw. S6	S5 Zylinder 2 Ausfahren, S6 Zylinder 2 Einfahren
S7 bzw. S8	S7 Zylinder 3 Ausfahren, S8 Zylinder 3 Einfahren
B1 bzw. B2	B1 Zylinder 1 ausgefahren, B2 Zylinder 1 eingefahren
B3 bzw. B4	B3 Zylinder 2 ausgefahren, B4 Zylinder 2 eingefahren
B5 bzw. B6	B5 Zylinder 3 ausgefahren, B6 Zylinder 3 eingefahren
Zyl_1_ausfahren	Zylinder 1 fährt aus
Zyl_1_einfahren	Zylinder 1 fährt ein
Zyl_2_ausfahren	Zylinder 2 fährt aus
Zyl_2_einfahren	Zylinder 1 fährt ein
Zyl_3_ausfahren	Zylinder 3 fährt aus
Zyl_3_einfahren	Zylinder 3 fährt ein

5 Aufgaben
Aufgabe 24 Folgeschaltung mit drei Zylindern, technologieunabhängig

Der GRAFCET:

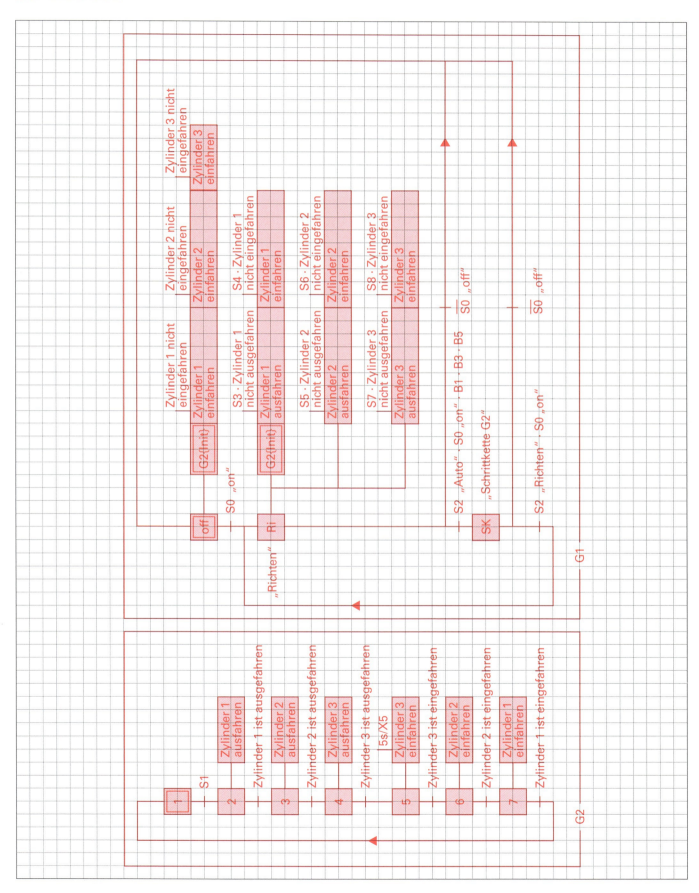

5 Aufgaben

Aufgabe 25 Folgeschaltung mit drei Zylindern, technologieabhängig

Aufgabe 25 Folgeschaltung mit drei Zylindern, technologieabhängig

In dieser Aufgabe sollen Sie die pneumatischen Ansteuerungen (unterstützt durch ein SPS-Programm) der Zylinder aus Aufgabe 24 berücksichtigen. Die Ansteuerungen der Zylinder aus Aufgabe 24 sind in **Bild 1** zu sehen. Sämtliche Funktionen der Aufgabe 24 sollen erhalten bleiben.

Da die Ansteuerungen der Zylinder nun bekannt, deshalb soll der GRAFCET technologieunabhängig erstellt werden.

Im Bild 1 sind ausschließlich Zwei-Wege-Ventile zu sehen. Im Richtbetrieb kann deshalb das exakte Verhalten des GRAFCETs aus Aufgabe 3 nicht erreicht werden. Eine Pausierung der Bewegung der Kolbenstange (nach dem Loslassen des Tasters) ist also nun nicht mehr möglich.
Da die konkreten technischen Gegebenheiten nun bekannt sind, soll der **GRAFCET als Aktionen die Ansteuerung der Ventile** abbilden. Das exakte Verhalten der Kolbenstangen erschließt sich dem Betrachter der Unterlagen nun also aus dem GRAFCET, in Verbindung mit dem Technologieschema.

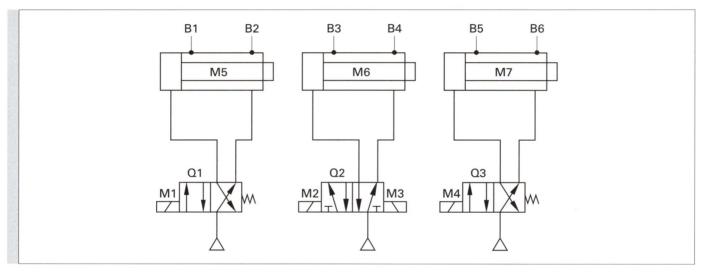

Bild 1: Drei Pneumatikzylinder mit pneumatischer Ansteuerung

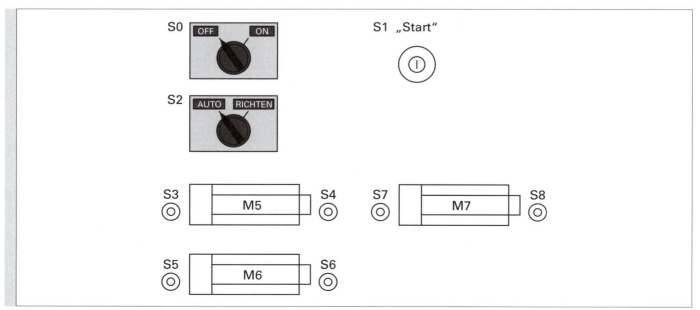

Bild 2: Bedienelemente

5 Aufgaben

Aufgabe 25 Folgeschaltung mit drei Zylindern, technologieabhängig

 Erstellen Sie den GRAFCET und testen Sie dessen Funktion anschließend am Modell.

Variante 1
Verwenden Sie in der ersten Variante speichernd wirkende Aktionen für die Ansteuerung der Zylinder 1 und 3.

Variante 2
Verwenden Sie nun ausschließlich kontinuierlich wirkende Aktionen.

Variable im GRAFCET	Bedeutung
S0	Wahlschalter on/ off, S0 steht für on, $\overline{S0}$ steht für off
S1	Taster Start
S2	Wahlschalter, S2 steht für Richten, $\overline{S2}$ steht für Auto
S3	Zylinder 1 ausfahren (im Richtbetrieb)
S4	Zylinder 1 einfahren (im Richtbetrieb)
S5	Zylinder 2 ausfahren (im Richtbetrieb)
S6	Zylinder 2 einfahren (im Richtbetrieb)
S7	Zylinder 3 ausfahren (im Richtbetrieb)
S8	Zylinder 3 einfahren (im Richtbetrieb)
B1	Endlage Zylinder 1 eingefahren
B2	Endlage Zylinder 1 ausgefahren
B3	Endlage Zylinder 2 eingefahren
B4	Endlage Zylinder 2 ausgefahren
B5	Endlage Zylinder 3 eingefahren
B6	Endlage Zylinder 3 ausgefahren
M1	Zylinder 1 ausfahren
M2	Zylinder 1 ausfahren
M3	Zylinder 1 einfahren
M4	Zylinder 1 ausfahren

5 Aufgaben
Aufgabe 25 Folgeschaltung mit drei Zylindern, technologieabhängig

Der GRAFCET, Variante 1:

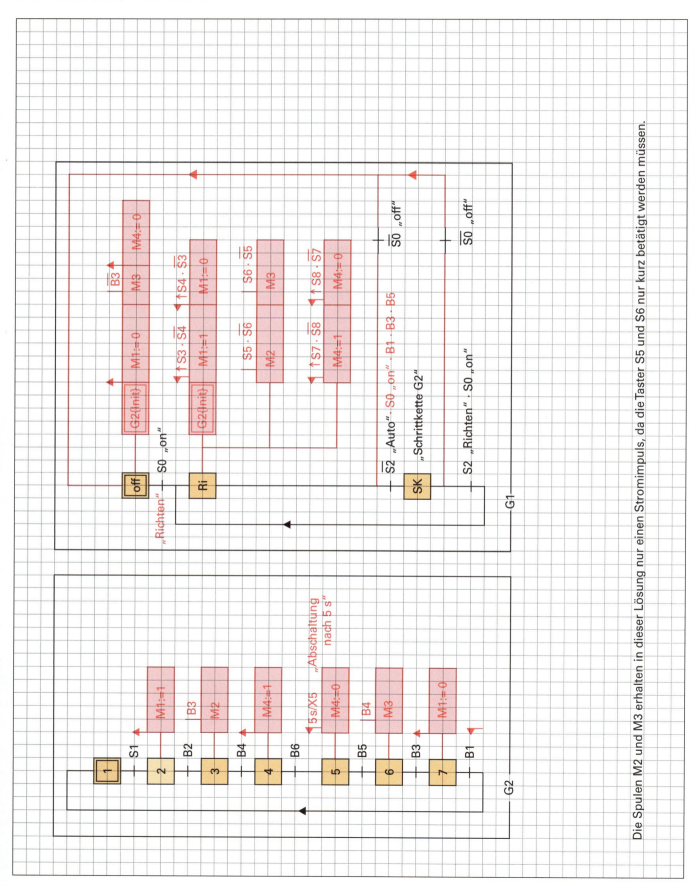

5 Aufgaben
Aufgabe 25 Folgeschaltung mit drei Zylindern, technologieabhängig

Der GRAFCET, Variante 2a:

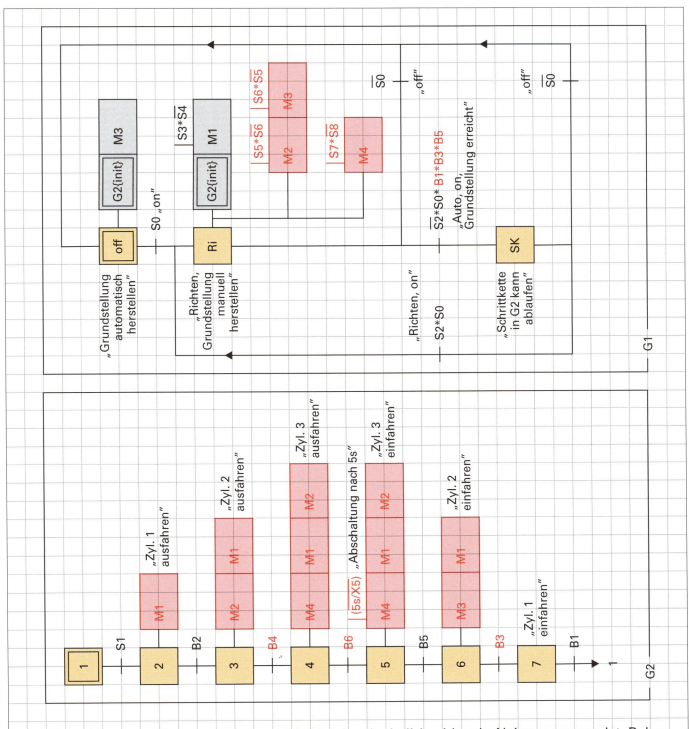

In dieser Lösungsvariante wurden ausschließlich kontinuierlich wirkende Aktionen verwendet. Daher zeigt die Anlage im Richtbetrieb in diesem Lösungsvorschlag (V2_a) ein leicht abweichendes Verhalten:

Die Kolbenstangen der Zylinder 1 und 3 fahren nur so lange aus, wie auch die Taster S3 und S7 betätigt bleiben.

In der folgenden Lösungsvariante V2_b wird dieser Makel behoben. Trotz ausschließlicher Verwendung von kontinuierlich wirkenden Aktionen wird das gleiche Verhalten wie im Lösungsvorschlag der Variante 1 (mit speichernd wirkenden Aktionen) erreicht.

5 Aufgaben
Aufgabe 25 Folgeschaltung mit drei Zylindern, technologieabhängig

Der GRAFCET, Variante 2b:

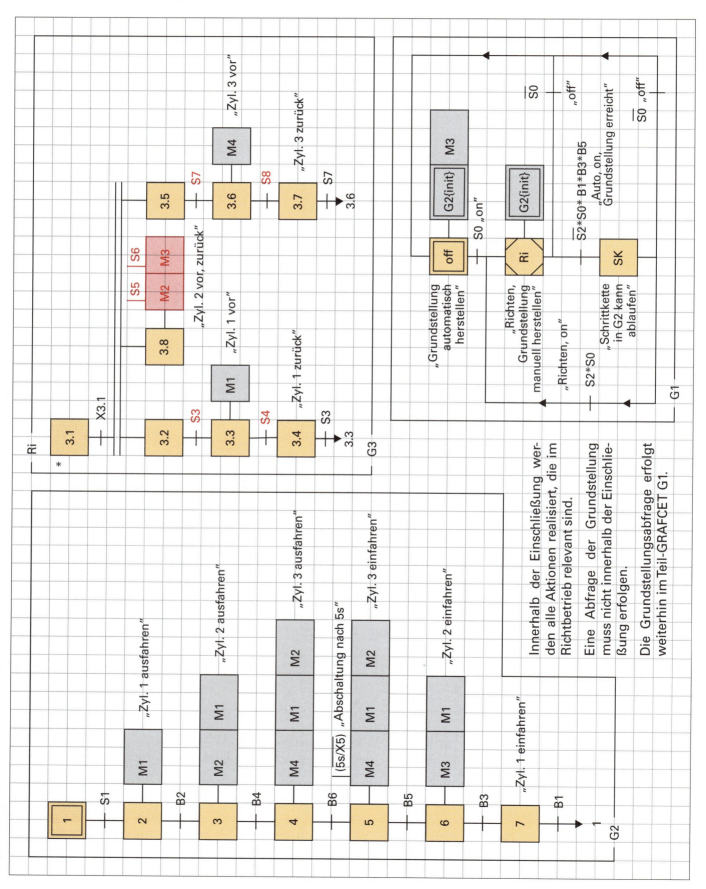

Anhang
Der GRAFCET-Editor „GRAFCET-Studio" von MHJ

Der GRAFCET-Editor „GRAFCET-Studio" von MHJ

Der GRAFCET Editor aus der 1. Auflage des Arbeitsheftes wurde komplett neu entwickelt. Das Ergebnis ist ein sehr leistungsfähiger GRAFCET-Editor, der zusätzlich an Benutzerfreundlichkeit gewonnen hat, da er intuitiv bedienbar ist. Dies, und der Umstand, dass eine Vielzahl von kleinen Erklärvideos Bestandteil der Software sind, führt dazu, dass auf eine detaillierte Bedienungsanleitung des Editors in Papierform an dieser Stelle verzichtet werden kann. Auch aus Gründen der Nachhaltigkeit wurde auf die Beilage der bisherigen CD-ROM verzichtet. Die entsprechenden Inhalte lassen sich nun bequem über den Download-Link (vordere Umschlagseite) herunterladen.

Was kann der Editor GRAFCET-Studio?

a) GRAFCETs ablaufen lassen

Im einfachsten Fall erstellen Sie mit GRAFCET-Studio einen GRAFCET und lassen diesen durch den Editor auf Normkonformität prüfen und starten den Modus „Beobachten" (Brille).

Danach können Sie per Mausklick die Eingangsvariablen verändern. Der GRAFCET reagiert entsprechend und aktiviert seine verschiedenen Schritte und seine Ausgangsvariablen.

Die Bedienung erinnert hierbei stark an die Software PLC-SIM der Firma Siemens.

Selbstverständlich können Sie sich (passend zu Ihrer Aufgabenstellung) eigene symbolische Adressierungen für Ihre Eingangs- und Ausgangsvariablen erzeugen.

Die kompletten Lösungen (im Schülerband sind zwar die Variablentabellen vorgefertigt, jedoch sind die GRAFCETs nur teilweise vorgegeben) aller Aufgaben aus dem Kapitel 5 erhalten Sie über den Download-Link (vordere Umschlagseite).

b) Interaktive Modelle durch den GRAFCET ansteuern

Das zweite Softwarepaket „PLC-Lab" beinhaltet alle Modelle aller Aufgaben aus Kapitel 5.

Sie öffnen GRAFCET-Studio und z. B. den gelieferten GRAFCET „Aufgabe_10_Ampelsteuerung_*.grafcet".

Parallel dazu öffnen Sie die Software PLC-Lab und öffnen darin das interaktive Modell „Modell_Aufgabe_10_Ampelsteuerung.plclab".

Danach platzieren beide Fenster nebeneinander.

Bringen Sie den GRAFCET in den Zustand „Beobachten" (Brille) und das interaktive Modell in den Zustand „Run(S7AG)".

Stellen Sie sicher, dass in der Auswahlliste von PLC-Lab „S7AG (WinSPS-S7)" ausgewählt ist, um die Kommunikation zwischen den Programmen zu ermöglichen.

Nun reagiert das Modell auf den ablaufenden GRAFCET. Sie sehen die ablaufenden GRAFCETs und gleichzeitig das Verhalten am Modell:

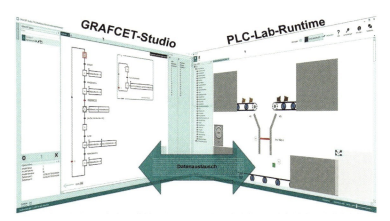

Sie können somit die Modelle aus dem Buch zum Leben erwecken und mit Ihren GRAFCETs steuern!

Anhang
Der GRAFCET-Editor „GRAFCET-Studio" von MHJ

Anmerkung: Da im Buch an einigen Stellen eine anlagenneutrale Lösung abgedruckt wurde, die interaktiven Modelle jedoch nun real vorliegen, wurde bei Bedarf von der gedruckten Lösung abgewichen.

Sie finden im GRAFCET-Editor „GRAFCET-Studio" die an die interaktiven Modelle angepassten Versionen.

c) GRAFCET in eine Steuerung laden

Überspielen Sie Ihren GRAFCET in eine SPS. Die SPS reagiert nach den Regeln des GRAFCET. Eine Umsetzung des GRAFCET in ein SPS-Programm entfällt somit!

Details zur Vorgehensweise entnehmen Sie bitte der Hilfefunktion im Editor.

Hinweis: Diese Funktionalität bietet nur die kostenpflichtige Vollversion von GRAFCET-Studio!

Wissenswertes zur Software
(weitere Hinweise siehe vordere Umschlaginnenseite)

a) Installation

Informationen zur Installation und weitere Informationen zu den Dateien bietet das Hilfe-Video „GRAFCET-Installation", welches Bestandteil des Download-Paketes (Europathek-Code vordere Umschlagseite) ist.

b) Besonderheiten

GRAFCET-Studio:
– Diese Ausgabe der Software GRAFCET-Studio ist acht Tage lauffähig. Um die Software darüber hinaus verwenden zu können, benötigen Sie einen kostenpflichtigen Lizenzschlüssel. Folgen Sie hierfür den Hinweisen bei Aufruf der Software.
– **Wichtig: Laden Sie keine Programmversion aus dem Internet, da diese Software eine speziell angepasste Version ist.**
– **Falls in GRAFCET-Studio eine Update-Meldung erscheint, können Sie dieses Update jedoch ohne Gefahr installieren!**

PLC-Lab:
– Alle Modelle aus dem Kapitel 5 sind als interaktive Modelle verfügbar.
– **Wichtig: Laden Sie keine Programmversion aus dem Internet, da diese Software eine speziell angepasste Version ist.**

c) Hinweis zu den digitalen Zusatzmaterialien der Lehrerausgabe bzw. Schülerausgabe:

Die Inhalte der CD-ROMs sind nun über einen Download Link (siehe Umschlagseite vorne) abrufbar.
Lehrer und Schüler erhalten die identische Software mit den interaktiven Modellen.
Passend zu den interaktiven Modellen erhalten Sie die **komplett** gelösten fertigen GRAFCETs jedoch nur über den Link der Lehrerausgabe.

Die Schülerausgabe besitzt keine komplett vorgefertigten GRAFCET-Lösungen, jedoch sind die Symboltabellen vollständig und die GRAFCETs teilweise vorhanden.

Die Schüler erstellen also ihre eigenen Lösungen mit GRAFCET-Studio und testen diese anschließend an den interaktiven Modellen.

Lehrer und Ausbilder können die vorgefertigten Lösungen sofort verwenden und diese an den interaktiven Modellen testen.

Anhang
Glossar

Glossar

Hier folgt eine (unvollständige) Auflistung wichtiger Begriffe zum Thema GRAFCET.

1 Der Initialschritt
Der Initialschritt ist durch einen Doppelrahmen gekennzeichnet. Dieser spezielle Schritt ist beim Initialisieren des GRAFCETs automatisch aktiv. Die Norm verwendet hierfür auch den Begriff **Anfangssituation**.
Nicht selten wird eine Anlage durch mehrere GRAFCETs beschrieben, in diesem Fall sind oftmals mehrere Initialschritte vorhanden.

2 Der Makroschritt
Sein Kennzeichen ist der Buchstabe „M", gefolgt von einer Schrittnummer (z. B. M4). Zusätzlich erhält er zwei waagerechte Linien im Schrittkästchen. Somit ist der Makroschritt von allen anderen Schritten gut zu unterscheiden.
Der Makroschritt steht als Platzhalter für eine Vielzahl von Schritten.
Ein Makroschritt kann somit erst dann verlassen werden, wenn alle „seine" Schritte vollständig abgearbeitet wurden.
Mittels eines Makroschritts lassen sich umfangreiche GRAFCETs „komprimiert" darstellen. So dient der Makroschritt beispielsweise der Übersichtlichkeit.
Der erste Schritt innerhalb eines Makroschrittes erhält den Buchstaben „E" (gefolgt von der Schrittnummer, z. B.: E4).
Der letzte Schritt innerhalb eines Makroschrittes erhält den Buchstaben „S" (gefolgt von der Schrittnummer, z. B.: S4).

3 Der einschließende Schritt
Sein Kennzeichen sind die diagonalen Linien an den Ecken innerhalb des Schrittkästchens. Der einschließende Schritt erhält wie üblich eine Schrittnummer.
Der einschließende Schritt wird leider oftmals mit dem Makroschritt verwechselt. Wird ein einschließender Schritt aktiv, so aktiviert er seine (ihm zugeordneten) Einschließungen. Diese Einschließungen laufen nach ihren eigenen Regeln ab. Eine Deaktivierung eines einschließenden Schrittes hat zur Folge, dass seine Einschließungen dadurch ebenfalls deaktiviert werden.
Mithilfe von einschließenden Schritten lassen sich beispielsweise verschiedene Betriebsarten (Hand, Automatik, Tipp-Betrieb etc.) realisieren.
Ein einschließender Schritt kann auch als Initialschritt gekennzeichnet sein. Dies ist dann der Fall, wenn ein Schritt seiner Einschließung(en) als Initialschritt gekennzeichnet wird.

4 Zwangssteuernde Befehle
Einen zwangssteuernden Befehl erkennt man an einem vermeintlichen Aktionskästchen mit Doppelrahmen. Obwohl man auf den ersten Blick meinen könnte, es handelt sich um eine Aktion, ist diese Annahme falsch.
Es werden **vier Arten von zwangssteuernden Befehlen** unterschieden:
… einen bestimmten Schritt (bzw. mehrere Schritte) setzen
… alle Schritte eines GRAFCETs deaktivieren
… einen GRAFCET einfrieren
… den Initialschritt eines GRAFCETs aktivieren
Mithilfe von zwangssteuernden Befehlen lassen sich Abschaltbedingungen (NOT-Halt, NOT-Aus etc.) gut umsetzen.
Oftmals werden zwangssteuernde Befehle jedoch falsch gedeutet, deshalb sollte auf einen **wichtigen Sachverhalt** hingewiesen werden:
Empfängt ein (untergeordneter) GRAFCET von einem (übergeordneten) GRAFCET einen zwangssteuernden Befehl, so kann sich der untergeordnete GRAFCET währenddessen **nicht verändern**! Gleichgültig um welchen der vier Befehle es sich handelt.

5 Aktionen, kontinuierlich wirkend
Kontinuierlich wirkende Aktionen finden maximal so lange statt, wie der zugehörige Schritt aktiv ist. Sie können zusätzlich mit sog. Zuweisungen versehen werden. Diese Zuweisungen wirken i. d. R. dann als zusätzliche Bedingungen, die erfüllt sein müssen, damit die kontinuierlich wirkende Aktion ausgeführt wird.
Diese Zuweisungen können auch Zeiten beinhalten.

Anhang
Glossar

6 Aktionen, speichernd wirkend
Speichernd wirkende Aktionen werden oft durch die **Flanke** einer **Schrittvariable** aktiviert/deaktiviert. Ein linksbündiger Pfeil nach oben oder aber nach unten zeigt eine steigende oder aber fallende Flanke der Schrittvariablen an.
Dies bedeutet: Speichernd wirkende Aktionen können für eine Vielzahl von Schritten aktiv sein. Um eine speichernd wirkende Aktion auszuschalten, muss (wie beim Einschalten) ein speichernd wirkender Befehl verwendet werden.
Neben der Aktivierung/Deaktivierung durch eine Schrittvariable ist auch eine Aktivierung/Deaktivierung durch ein **Ereignis** (z. B. Flanke eines Sensors) möglich. In diesem Fall findet das Symbol „Fähnchen" seine Anwendung.
Aktion bei Auslösung: Die Norm (Ausgabe Dezember 2002, gültig bis Dez. 2014) bot die zusätzliche Möglichkeit, eine speichernd wirkende Aktion an eine Transition zu knüpfen. Löste die betreffende Transition aus, so war dies der Triggerimpuls für die angehängte speichernd wirkende Aktion. Auf einen linksbündigen Pfeil wurde in dieser Variante logischerweise verzichtet.
Anmerkung: In der aktuellen Form der Norm (EN 60848:2013) wird diese Möglichkeit, eine speichernd wirkenden Aktion abzubilden, nicht eindeutig beschrieben.

7 Analoge Transitionsbedingungen
Sensoren stellen oftmals eine Transition von einem zum nächsten Schritt dar. Liefert ein Sensor nicht nur die Signale „high -1" oder „low – 0", sondern eine Vielzahl von Messwerten, so spricht die GRAFCET-Norm von sog. Transitions-Variablen, diese werden in eckige Klammern gesetzt.
Beispiel: [Temperatur>20 °C] ; [Drehzahl<100 1/min]; [Zähler=5]
Den Aussagen innerhalb der eckigen Klammern werden dann wieder logische Zustände wie „erfüllt" bzw. „nicht erfüllt" zugewiesen, wodurch die eckige Klammer selbst den boolschen Zustand true oder false annimmt.

8 Zeiten
Zeiten können sowohl Transitionen als auch Aktionen beeinflussen.
Es können Einschaltverzögerungen, Ausschaltverzögerungen und Zeitbegrenzungen dargestellt werden.
Einschaltverzögerung: **t1/y** --> Mit steigender Flanke von y startet die Zeit t1 (und läuft nur dann ab, wenn y den Wert 1 beibehält).
Ausschaltverzögerung: **y/t2** --> Mit fallender Flanke von y startet die Zeit t2 (Voraussetzung: y hatte vorher den Wert true).
Zeitbegrenzung: Negationsstrich über den kompletten Ausdruck **t1/y**: $\overline{t1/y}$ --> Mit steigender Flanke von y startet die Zeit t1.
Oftmals wird eine Kombination von Ein- und Ausschaltverzögerung verwendet: **t1/y/t2**
Schrittdauer
Die Variable T# gibt die Dauer des aktiven Schritts X# an. War z. B. Schritt 3 für 7s aktiv, so ist T3=7s. Der Wert T3=7s bleibt so lange erhalten, bis X3 erneut aktiv wird. Zu diesem Zeitpunkt wird T3=0s und beginnt erneut abzulaufen.

9 Verzweigungen
Ein GRAFCET kann linear ablaufen, aber auch Verzweigungen besitzen. Man unterscheidet Alternativverzweigungen von parallelen Verzweigungen.
Alternative Verzweigung: Von einem Schritt ausgehend kann die Steuerung entweder in den einen Schritt oder aber in den anderen Schritt übergehen. Jede Kette besitzt ihre *eigene* Transition. Eine gemeinsame Transition für mehrere Ketten ist hier **nicht zulässig**. Die jeweiligen Transitionen müssen so gewählt werden, dass sie niemals gleichzeitig erfüllt sein können. Gegebenenfalls müssen sie deshalb gegeneinander verriegelt werden. Vor einer Zusammenführung steht für jeden Zweig eine eigene Transition.
Parallele Verzweigung: Von einem Schritt ausgehend führt eine *gemeinsame* Transition gleichzeitig in mehrere (parallele) Schritte. Die Zusammenführung von parallelen Ketten erfolgt ebenfalls durch eine *gemeinsame* Transition.
Diese gemeinsame Transition gilt jedoch erst dann als freigegeben, wenn alle Schritte die unmittelbar vor ihr liegen, aktiv sind (die Norm spricht deshalb auch von einer Synchronisation paralleler Ketten).

10 Kommentar
Durch Kommentare kann die Lesefreundlichkeit eines GRAFCETs sehr gut erhöht werden. Kommentare dürfen an beliebiger Stelle platziert werden, sie müssen lediglich in Anführungszeichen gesetzt werden "Kommentar".

Anhang
Glossar

Werden Kommentare in ausreichender Menge verwendet und aussagekräftig formuliert, so dient das dem Leser zur schnelleren Erfassung der Funktion.

11 Rückführung, Schleifen und Sprünge

Eine Rückführung (oftmals vom Ende des GRAFCETs zurück zum Anfang) realisiert man durch eine Wirkverbindung mit Richtungsangabe (Pfeil nach oben). Denn eine Wirkverbindung ohne Richtungspfeil wirkt grundsätzlich immer von oben nach unten.

Eine Schleife (die eventuell mehrmals durchlaufen werden soll) lässt sich so auch sehr leicht realisieren. Die Rückführung mündet dann einfach in den gewünschten Schritt und nicht im Initialschritt.

Ein Sprung von einem Schritt zu einem anderen Schritt ist oftmals nichts anderes als eine Alternativverzweigung mit „abgeschnittener" Wirkverbindung. An das Ende der Wirkverbindung schreibt man das Sprungziel, also die Bezeichnung des Schrittes, zu dem gesprungen werden soll (z. B. 4).
Ebenso kann diese Form der Darstellung auf eine Rückführung angewendet werden.
Auch bei Rückführungen, Schleifen und Sprüngen muss die Grundregel Schritt-Transition-Schritt immer eingehalten werden.

12 Struktur eines GRAFCETs

Ein GRAFCET kann in zwei „Bereiche" unterteilt werden. Ein GRAFCET besteht aus Schritten und Transitionen. Dieser Bereich wird Struktur genannt.
Als Wirkungsteil hingegen beschreibt man die Aktionen ohne Betrachtung der Schritte.

13 Quellschritt und Schlussschritt

Unter einem Quellschritt versteht man einen Schritt ohne vorangehende Transition. Dies hat zur Folge, dass ein Quellschritt nur dann aktiv sein kann, wenn er
a) als Initialschritt gekennzeichnet ist,
b) durch einen zwangssteuernden Befehl angesprochen wird, oder
c) durch einen einschließenden Schritt aktiviert wird.

Besitzt ein Schritt keine nachfolgende Transition, so spricht man von einem Schlussschritt. Dies hat zur Folge, dass ein Schlussschritt nur durch folgende Arten deaktiviert werden kann:
a) Deaktivierung durch einen zwangssteuernden Befehl.
b) Deaktivierung eines einschließenden Schrittes (setzt voraus, dass der Schlussschritt Teil der Einschließung ist).

14 Quelltransition und Schlusstransition

Eine Transition ohne vorangehenden Schritt nennt man Quelltransition. Eine Quelltransition gilt immer als freigegeben (unabhängig davon, in welchem Schritt sich der GRAFCET befindet). Deshalb wird als Transitionsbedingung niemals ein Zustandsabfrage, sondern eine Flankenabfrage gewählt.
Ein GRAFCET mit einer Quelltransition könnte somit auf einen Initialschritt verzichten.
Eine Transition ohne nachfolgenden Schritt nennt man Schlusstransition. Löst diese Schlusstransition aus (ist sie also freigegeben und erfüllt), so deaktiviert diese Auslösung den vorherigen Schritt.
Ein GRACFET mit einer Schlusstransition besitzt also nach der Schlusstransition keine Rückführung (zum Anfangsschritt etc.).

15 Einschließender Anfangsschritt

Beinhaltet eine Einschließung einen Initialschritt, so muss der zugehörige einschließende Schritt auch als Initialschritt gekennzeichnet werden, er wird somit zum „einschließenden Anfangsschritt".

Weitere Informationen auch auf: **www.grafcet-schulungen.de**

Programmieren lernen mit einer
3D-Mechatronik-Modellbibliothek
von hochwertigen 3D-Simulationen mit Echtzeit-Ton.

IHK-Prüfungsmodelle: Mechatronische Modelle:

 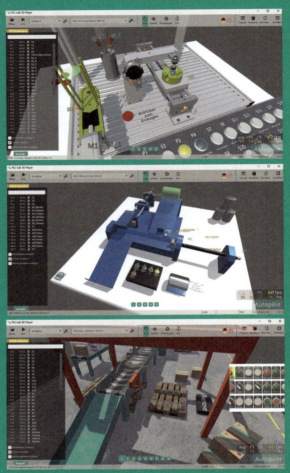

Insgesamt über 30 verschiedene, mechatronische Modelle.

Entlastet Lehrkräfte und motiviert Schüler/innen.
Integrierte Aufgabenstellungen.
Autopilot-Funktion: Komplette Darstellung des Modellablaufs.
Export von Variablenlisten.
Kompatibel mit TIA PORTAL PLCSIM und realen Steuerungen.
Einfache und übersichtliche Benutzeroberfläche.
Effektieve Vorbereitung auf die IHK Abschlußprüfung.

Weitere Informationen unter www.mhj.de

SIMATIC, TIA PORTAL sind eingetragene Warenzeichen der SIEMENS AG.

MHJ-Software GmbH & Co. KG
Albert-Einstein-Str. 101
D-75015 Bretten - www.mhj.de

SIEMENS

SCE LERNMODULE

Lehren und Lernen
leicht gemacht

So wird Digitalisierung erlebbar. Nutzen Sie die praxisnahen Lernmodule zur effizienten Vermittlung von Lerninhalten der Automatisierungstechnik oder zum Selbststudium.
Kostenlos downloaden:
siemens.de/sce

Global Industry Partner

- Projekte
- Lernvideos
- Theorieunterlagen
- interaktive Call-to-Action Lernvideos